Was uns verbindet und wie wir in die Zukunft gehen

Lena
Mardon

Anna
Volquardsen

COMPANY CULTURE DESIGN

MURMANN

DIE DIMENSIONEN

DIE FRAGEN

ZIELE

01 **Warum gibt es uns?**

02 **Was ist unsere Leistung?**

03 **Welche Schlagzeile wird in zehn Jahren über uns erscheinen?**

04 **Von wem wünschen wir uns einen Dankesbrief?**

05 **Welche Farbe hat unsere Zukunft?**

06 **Wie alt wollen wir werden?**

07 **Wer wollen wir gewesen sein?**

08 **Wie kommen wir ans Ziel?**

09 **Wovon lassen wir uns ablenken?**

10 **Was motiviert uns?**

WERTE

11 Wer bestimmt unsere Werte?

12 Was sind unsere größten Qualitäten?

13 Was ist uns im Umgang miteinander wichtig?

14 Welches Verhalten fordern wir ein, wenn es fehlt?

15 Was ist eine besonders wertvolle Situation für uns?

16 Wie wollen wir gesehen werden?

17 Was schätzen andere an uns?

18 Beeinflussen uns neue gesellschaftliche Werte?

19 Welche Werte verbinden uns?

20 Welche Werte wollen wir in Zukunft stärken?

21 Leben wir unsere Werte?

FÜHRUNG

ZUSAMMENARBEIT

RAUM

42 Wozu brauchen wir (noch) ein Büro?

43 Was verraten unsere Räume über uns?

44 Was macht unseren Arbeitsort zum Anziehungspunkt?

45 Welche Orte inspirieren uns?

46 Wofür wollen wir Raum schaffen?

47 Remote, hybrid oder in Präsenz?

48 Wo begegnen wir uns?

49 Ist Nähe im digitalen Raum ein Widerspruch?

50 Wie sieht unser Arbeitsort der Zukunft aus?

ZEIT

51 Wie definieren wir Arbeitszeit?

52 Glauben wir an die 40-Stunden-Woche?

53 Wie viel wollen wir arbeiten?

54 Wie selbstbestimmt können wir unsere Zeit einteilen?

55 An einem perfekten Tag haben wir genug Zeit für …

56 Was stiehlt uns unsere Zeit?

57 Wann sind wir im Flow?

58 Wann nehmen wir uns Zeit zum Lernen?

59 Und wann machen wir Pause?

60 Wie sieht unser Arbeitszeitmodell der Zukunft aus?

GELD

61 Über Geld sprechen, finden wir ...

62 Geld oder Liebe?

63 Wofür werden wir bezahlt?

64 Was verdienen wir?

65 Ist Aufmerksamkeit eine Währung bei uns?

66 Wofür geben wir (gerne) Geld aus?

67 Wenn Geld keine Rolle spielen würde ...

68 Wem schulden wir was?

69 Was tun wir nicht für Geld?

70 Unsere finanzielle Zukunft: Was macht sie aus?

MARKE

VERANTWORTUNG

81 Für wen oder was spüren wir Verantwortung?

82 Wofür nutzen wir unsere 15 Minuten Ruhm?

83 Wie werden wir klimaneutral?

84 Was tun wir für Gender Equality?

85 Wann wirtschaften wir nachhaltig?

86 Wen bevorzugen wir unbewusst?

87 Was tun wir für unsere mentale Gesundheit?

88 Welches Gesetz würden wir umgehend verabschieden?

89 Was kostet unser Engagement?

90 Wie werden wir unserer Verantwortung gerecht?

ERFOLG

91 Was bedeutet Erfolg für uns?

92 Was zählt zu unseren größten Erfolgen?

93 Was bewundern wir an anderen?

94 Woran messen wir Erfolg?

95 Welchen Leistungsanspruch haben wir?

96 Wie gehen wir mit Misserfolgen um?

97 Was ist wichtiger: individueller oder kollektiver Erfolg?

98 Was tun wir, damit Menschen ihre Potenziale entfalten können?

99 Was wird uns in Zukunft erfolgreich machen?

WAS UNS VERBINDET UND WIE WIR IN DIE ZUKUNFT GEHEN

Es gibt sie nicht mehr: die eine Arbeitskultur, die unser Handeln definiert und Karrierewege vorzeichnet. Das bringt Herausforderungen mit sich, aber noch mehr Möglichkeiten: Wir können Arbeit neu verhandeln, vielfältige Perspektiven einbeziehen und uns auf eine gemeinsame Basis einigen. Wir können unsere ganz eigene Arbeitskultur definieren. Das wird umso wichtiger, da wir immer weniger von einer gemeinsamen Norm ausgehen können. Wir müssen uns über unsere Ansichten und Ansprüche austauschen: Was ist uns wichtig, was soll unser Miteinander ausmachen? Was wollen wir gemeinsam erreichen und auf welche Art und Weise? Anhand von Fragestellungen wie diesen können wir unsere gemeinsame Ausrichtung für die Zukunft finden. Und unsere ganz eigene Team- oder Unternehmenskultur entwickeln.

Wie wir führen und zusammenarbeiten. Welche Produkte wir entwickeln und wie wir sie vermarkten. Wie unsere Räume aussehen und wie viel Zeit wir dort verbringen. Was uns Erfolg bedeutet und wie wir Entscheidungen treffen. Welche Menschen wir einstellen und auf welche Weise wir ein Team werden. Ob wir unsere Potenziale entfalten und über uns hinauswachsen können – all das wird von unserer *Company Culture* bestimmt.

Die Kultur einer Organisation kann über Jahre gewachsen sein, geprägt von unterschiedlichen Menschen. Sie kann sich gewissermaßen eingeschlichen haben. Gleichzeitig beeinflusst sie alles und jeden, ist ständig aktiv. Oft liegt sie in Teilen verborgen und wir sehen nur die Spitze des berühmten Eisbergs:* die sichtbaren Verhaltensweisen wie Sprache, Prozesse, Praktiken oder Rituale. Unter der Oberfläche entfaltet der Eisberg seine wahre Größe: Hier liegen die (unbewussten) Annahmen, Normen und Werte einer Organisation, die das Fundament unseres Verhaltens bilden. Auch das Modell der Zwiebel** beschreibt Kultur anhand von verschiedenen Ebenen: im inneren Kern die Werte, die oft unsichtbar bleiben – und dennoch die äußeren, sichtbaren Schichten, also unser Verhalten, maßgeblich beeinflussen.

CULTURE CONVERSATIONS – ODER: DIE KRAFT DER FRAGEN

Die gute Nachricht: Wir können Kultur aufdecken und sie in unserem Sinne gestalten. Dafür müssen wir ihr eine Gestalt geben. Ein Framework. Ein Design. Dieses Buch führt in 99 Fragen durch zehn Dimensionen, anhand derer wir Organisationskultur gestalten können: Ziele, Werte, Führung, Zusammenarbeit, Raum, Zeit, Geld, Marke, Verantwortung, Erfolg.

99 Fragen, um miteinander ins Gespräch zu kommen.

99 Fragen, um die eigene Organisationskultur spielend leicht aufzudecken.

99 Fragen, um das für uns beste Arbeitsumfeld zu gestalten.

99 Fragen, um mit einem gemeinsamen Verständnis in die Zukunft zu gehen.

* Vgl. Eisberg-Modell nach Bolten
** Vgl. Zwiebel-Modell nach Hofstede

99 Fragen, um eine verbindende Company Culture zu entwickeln.

GEBRAUCHSANWEISUNG

- Im Buch verwenden wir die Begriffe Teamkultur, Organisationskultur, Unternehmenskultur und Company Culture synonym, damit sich jede Teamgröße und Organisationsform möglichst wiederfindet.
- Alle 99 Fragen sind so gestellt, dass sie sich losgelöst und singulär beantworten lassen. Es ist kein Vorwissen aus vorhergehenden Fragen notwendig.
- Gleiches gilt für die Dimensionen (im Folgenden: Kapitel) – allerdings empfehlen wir, die ersten beiden ZIELE und WERTE als Basis zu durchlaufen.
- Viele Fragen bieten kleine Impulse oder Thought Starter zur Beantwortung. Diese Hilfestellungen können, müssen aber nicht genutzt werden! Umso spannender kann es sein, jede Frage zunächst ganz ohne äußere Einflüsse zu beantworten.
- Hin und wieder finden sich in den Fragen sogenannte Break outs: Sie dürfen von allen Teammitgliedern auch ganz individuell beantwortet werden.
- In jedem Kapitel gibt es Raum für Konkretisierungen und Ableitungen. Hier darf festgehalten werden, was für die Etablierung der Company Culture wichtig ist: zukünftige Handlungsfelder, Principles oder neue Formate und Rituale.

DIES IST EIN GESPRÄCHSBUCH. ES FUNKTIONIERT AUF BASIS VON GESPRÄCHSPRINZIPIEN.

Gleichwertigkeit – unterschiedliche Ansichten nebeneinander stehenlassen, sie gleich gültig sein lassen. Unser Gegenüber teilt das eigene Verständnis und dann dürfen wir unser Verständnis teilen. Dabei gilt: Nicht gleich bedeutet nicht besser oder schlechter. Es geht nicht ums Rechthaben. Ein gemeinsames Verständnis beginnt nicht immer damit, dass alle das Gleiche denken. Es heißt, sich auszutauschen, einander nach und nach zu verstehen. Und idealerweise einen gemeinsamen Nenner zu entwickeln – auch wenn das nicht immer gelingt. Wir können trotzdem voneinander lernen und daraus vielleicht etwas ganz Neues ableiten. Es geht nicht darum, die persönlichen Vorstellungen über Bord zu werfen. Es geht darum, sich über das gemeinsame Vorhaben zu verbinden und dafür Grundsätze zu definieren.

Sensibilität für Gruppendynamiken – das Prinzip: erst eigene Gedanken machen, dann miteinander teilen, sodass wir unsere Ansichten möglichst wenig von anderen abhängig machen. Wichtig: Hierarchien, Interdependenzen und mögliche Machtstrukturen können beeinflussen, inwieweit wir unsere Ansichten offen teilen.

Kulturelles Bewusstsein – dies beinhaltet das Verständnis und die Anerkennung kultureller Unterschiede und Gemeinsamkeiten. Und das Interesse, sich offen und lernbereit über unsere unterschiedlichen Normen, Werte und Traditionen auszutauschen.

Empathische Grundhaltung – indem wir aufgeschlossen sind gegenüber unterschiedlichen Perspektiven und Verständnis für die Position der anderen Person entwickeln.

Vermeidung von Stereotypen – wir bemühen uns, Menschen nicht aufgrund ihrer kulturellen Identität zu verallgemeinern. Jeder Mensch ist ein Individuum und sollte als solches behandelt werden.

Konstruktive Kommunikation – heißt: Gespräche so zu gestalten, dass sie zu einem besseren Verständnis und gemeinsamen Lösungen führen. Dazu gehört aktives Zuhören, einander aussprechen lassen, gegenseitiges Verständnis sicherstellen, Missverständnisse minimieren, ohne die Ansichten anderer abzuwerten.

Verantwortung für den Prozess – wer fragt, bekommt Antworten. Einander zum Gespräch einzuladen, bringt Verantwortung mit sich, zum Beispiel vertrauensvoll mit persönlichen Antworten umzugehen und einander über mögliche Ableitungen und erarbeitete Handlungsfelder zu informieren.

Gestaltergrundhaltung – mit einem eigenverantwort lichen Blick auf Herausforderungen schauen und aktiv Teil der Veränderung sein wollen. Was können die Organisation, das Team und ich ganz persönlich zu unserer Company Culture beitragen?

Wir bemühen uns um eine Sprache, die alle Geschlechteridentitäten mitmeint. Wo es uns nicht gelungen ist, verwenden wir die weibliche und männliche Form alternierend.

KAPITEL 1

ZIELE

Wie schaffen Organisationen es, dass sich Menschen bei ihnen engagieren?

Warum sind manche erfolgreicher als andere?

Sie haben eines gemeinsam: ein verbindendes Ziel. Einen gemeinsamen Sinn und Zweck, der Identifikation stiftet. Ein erstrebenswertes Bild von der Zukunft.

Egal, ob wir es Mission, Vision oder Purpose nennen: Ziele sind wie Vektoren in die Zukunft, die unserem Handeln eine (gemeinsame) Richtung geben. Ziele haben die Kraft, uns zu verbinden. In diesem Kapitel wollen wir herausfinden, warum wir tun, was wir tun. Was unser großes Ziel ist und wie wir dorthin kommen. Was uns ins Morgen zieht und welchen Weg wir dafür gehen wollen.

01

WARUM GIBT ES UNS?

Es gibt uns, hier sitzen wir, und das nicht ohne Grund. Jede Unternehmung hat einen Zweck, eine Daseinsberechtigung. Kennen wir diesen Grund eigentlich alle? Wissen wir, wie und warum alles begann? Welches größere Ziel wir verfolgen?

Die Fragen berühren den Kern jeder Unternehmung. Dennoch haben die Menschen in Organisationen häufig überraschend eigene Vorstellungen davon, warum sie tun, was sie tun. Und wofür die Unternehmung antritt. So geht es nicht nur vielen großen Organisationen – in denen es naturgemäß schwieriger ist, alle auf ein gemeinsames *Warum* einzuschwören. Auch in ganz kleinen Teams oder Start-ups verbinden sich möglicherweise unterschiedliche Träume und Erwartungen mit der Gründung.

Deshalb die Existenzfrage zu Beginn: Warum gibt es uns?

Spannend wird die Antwort immer dann, wenn wir über das eigene Produkt, den eigenen Service hinaus und in größeren Dimensionen denken. Wenn wir nach dem Warum dahinter fragen. Zu häufig wird die Antwort vom Produkt her gedacht – oder wie der Harvard-Professor Theodore Levitte es einmal ausdrückte: »Die Menschen wollen keine Bohrer, sie wollen Löcher in den Wänden.«

Was ist unser größeres Ziel? Wonach streben wir? Was sind unsere Löcher in der Wand?

NICE TO KNOW

Im Sommer 2022 überträgt der Patagonia-Gründer Yves Chouinard, der mit seiner Outdoor-Marke zum Milliardär wurde, seine Firma zu 100 Prozent einer Stiftung für Klimaschutz. Alle Unternehmensgewinne werden fortan zur Rettung des Planeten eingesetzt. Warum? »We're in business to save our home planet.«

02

WAS IST UNSERE LEISTUNG?

Was haben Elon Musk und Die Letzte Generation gemeinsam? Sie teilen das Ziel einer emissionsfreien Welt. Ihr jeweiliger Beitrag könnte aber kaum unterschiedlicher sein: Premium-Elektroautos versus ziviler Ungehorsam.

Wenn wir uns bewusst machen, worum es uns geht, was unser größeres Ziel ist, können wir unseren Beitrag dazu klarer definieren. Welcher ist es in unserem Fall? Was ist unsere Leistung?

Oder zurück zu den Löchern in der Wand:
Was soll unser Bohrer sein?

03

WELCHE SCHLAG-ZEILE WIRD IN ZEHN JAHREN ÜBER UNS ERSCHEI-NEN?

Herzlich willkommen in der Zukunft! Wir gehen auf eine Zeitreise, die uns mehr darüber verrät, wonach wir streben und wofür wir wahrgenommen werden wollen.

Es ist das Jahr 2033. Wir sind Gesprächsthema. Medien berichten über uns. Headlines überschlagen sich. Warum? Wie lauten diese Headlines? Was berichtet die Presse über uns?

Für alle, die sich in der Zukunft richtig wohlfühlen, hier noch ein paar Reisetickets:

Welchen Award werden wir in zehn Jahren gewinnen? Wie wird der Titel unserer Biografie einmal lauten? In welcher Hall of Fame werden wir verewigt?

04

VON WEM WÜNSCHEN WIR UNS EINEN DANKES-BRIEF?

Und was steht drin?

05

WELCHE FARBE HAT UNSERE ZUKUNFT?

Und warum?

06

WIE ALT WOLLEN WIR WERDEN?

Geht es nach dem Spieltheoretiker James P. Carse, können wir auf unser Streben als Organisation wie auf ein Spiel blicken: Carses Konzept der endlichen und unendlichen Spiele* bietet eine interessante Denkfigur, um unsere Ziele zu verstehen.

Endliche Spiele zeichnen sich durch festgelegte Regeln und ein klares Ergebnis aus. Sie haben einen Anfang und ein Ende und die Spielenden treten gegeneinander an. Ein Team muss gewinnen. Alle Anstrengungen dienen diesem Ziel.

Unendliche Spiele hingegen haben kein festes Ende. Keine festgelegten Regeln, keine eindeutigen Gewinner oder Verlierer. Das Prinzip besteht darin, das Spiel am Laufen zu halten und die Spielmöglichkeiten zu erweitern. Es geht nicht darum, andere Spieler kurzfristig zu besiegen, sondern länger dabeizubleiben.

Folgende Fragen kommen ins Spiel: In welchem Game sehen wir uns als Team oder Organisation? Setzen wir alles auf den nächsten Sieg? Oder entwickeln wir uns stetig weiter im Sinne eines unendlichen Spiels? Oder ganz konkret: Wie alt wollen wir werden?

* Nach dem gleichnamigen Buch *Finite and Infinite Games* von James P. Carse (1986)

07

WER WOLLEN WIR GEWESEN SEIN?

Wir haben die einzigartige Fähigkeit, die eigene Gegenwart über den Umweg der Zukunft zu reflektieren. Wir können uns vom Ende her denken. Wenn es uns mal nicht mehr gibt, wer wollen wir gewesen sein: als Mensch, als Team, als Unternehmen?

Das Futur II gibt uns die Möglichkeit, alles auszublenden, was uns auf dem Weg ablenkt. Für diesen Moment dürfen wir uns nur darauf konzentrieren, wer wir gewesen sein wollen. Das bringt uns dem eigenen Zielbild in der Gegenwart näher. Denn nun können wir uns auf den Weg machen, um genau dieses Unternehmen, dieses Team zu werden.

HOW TO

Wie aus einer großen Überlegung ein gutes Ziel wird. Wir formulieren ...

... einen erstrebenswerten Zustand in der Zukunft,

... im Präsens – oder eben im Futur II,

... einfach, konkret und ohne »möchten, wollen, wünschen«,

... positiv und frei von Verneinungen,

... ambitioniert, aber aus eigener Kraft erreichbar,

... so, dass wir Lust auf die Umsetzung bekommen!

08

WIE KOMMEN WIR ANS ZIEL?

Bekanntlich führen viele Wege ans Ziel. Jetzt dürfen wir uns entscheiden: Welcher Weg passt zu uns und unseren Möglichkeiten? Wo liegen unsere Kompetenzen, Passionen, Interessen? Was sind unsere konkreten Schritte – und noch viel wichtiger, welche sind es nicht?

Das ist auch gleich das Beste an einer Strategie: Sie erlaubt uns, Nein zu sagen. Nein zu unzähligen Möglichkeiten, Abzweigungen und Umwegen. Eine Strategie erlaubt uns, uns zu konzentrieren.

»Sobald du das Ziel kennst, zählt nur noch der Weg.«

Sprichwort aus dem Zen-Buddhismus

Die Herausforderung: vorhandene Ressourcen richtig einzuschätzen, um Überlastung zu vermeiden – denn oftmals haben wir mehr Ziele als Ressourcen. Eine gute Strategie bedeutet, sich gegen Maßnahmen zu entscheiden und die Opportunitäten auf dem Weg auszublenden beziehungsweise auf einen späteren Zeitpunkt zu vertagen. Welchen Weg wollen wir also verfolgen:

Was tun wir konkret, um unser ultimatives Ziel zu erreichen?

Auf welche (drei) großen Aktivitäten konzentrieren wir uns?

DON'T FREAK OUT

Strategische Arbeit ist ein iterativer Prozess: Wir stellen Hypothesen auf, welche Aktivitäten uns ans Ziel bringen werden. Im Laufe des Prozesses können wir immer wieder reflektieren und lernen, ob wir richtiglagen. Und unsere Strategie mit diesen Erfahrungen weiterentwickeln.

Oder nach Nietzsche: »Viele sind hartnäckig in Bezug auf den einmal eingeschlagenen Weg, wenige in Bezug auf das Ziel.«

BREAK OUT

Wie ist meine Strategie für eine Bergwanderung: Welche drei Dinge packe ich in meinen Rucksack?

09

WOVON LASSEN WIR UNS ABLENKEN?

Warum fällt es uns eigentlich so schwer, unsere Ziele konsequent zu verfolgen? Unsere Vorhaben scheinen doch klar und trotzdem lassen wir uns immer wieder ablenken.

Was packen wir nicht an, obwohl wir es uns vorgenommen haben? Was kommt uns scheinbar immer dazwischen? Was finden wir auf einmal wichtiger? Und warum? Wann sabotieren wir uns selbst – und was steckt dahinter?

GOOD TO KNOW

»Competing Commitments«*

Die Theorie der konkurrierenden Verpflichtungen besagt, dass wir bewusste oder unbewusste Motive haben können, die uns in unterschiedliche Richtungen ziehen. Zum Beispiel könnten wir flache Hierarchien anstreben (Verpflichtung A), fühlen uns als Gründungsteam aber immer noch verpflichtet, Entscheidungen selbst zu treffen (Verpflichtung B). Wenn wir uns unsere konkurrierenden Verpflichtungen bewusst machen, können wir darunterliegende Annahmen und Motive einbeziehen und neue Handlungsspielräume gewinnen.

* Das zugehörige Modell ist auf Robert Kegan und Lisa Laskow Lahey (beide Harvard University) zurückzuführen.

10

WAS MOTIVIERT UNS?

Neben einer guten Strategie braucht es die passende Haltung*, um ans Ziel zu kommen. Eine Haltung, die unsere Fähigkeiten aktiviert und uns ins Handeln bringt. Dies ist oft schwer zu greifen und zu beschreiben. Bilder können uns dabei helfen, weil sie unbewusst etwas in uns bewegen.

Das macht sogenannte Motto- oder Haltungsziele** höchst individuell. Gleichzeitig kann es spannend sein, im Team zu erforschen, ob es ein Bild gibt, das uns kollektiv aktiviert.

Wenn sich Bilder innerhalb der Gruppe unterscheiden, kann der Austausch über darunterliegende Bedürfnisse trotzdem sehr aufschlussreich sein. Der eine braucht (bildlich gesprochen) ein starkes Sicherheitsnetz, die andere eher ein applaudierendes Publikum, um vorhandene Potenziale freizusetzen. Das alles kann als wertvolle Information für die Gestaltung der Arbeitsumgebung aufgenommen werden.

THOUGHT STARTER

Welches Stillleben bringt uns in Bewegung? Welches Naturereignis versetzt uns in die richtige Stimmung? Welches Tier verkörpert unsere angestrebte Haltung?

* Spirit, Einstellung, Motto, Mantra, Attitüde ...
** Nach dem Zürcher Ressourcenmodell (ZRM®) von Maja Storch und Frank Krause

KAPITEL 2

WERTE

Werte bilden den Kern einer Unternehmenskultur – sie beeinflussen alle Bereiche und Dimensionen der Organisation. Welche Regeln wir etablieren, welche Routinen wir einhalten, welche Produkte wir entwickeln. Und wie wir miteinander umgehen. Kurzum: wie wir handeln. Das macht sie zu einem wichtigen Gestaltungsmittel unserer Company Culture. Umso mehr kommt es darauf an, sie zu kennen, zu verstehen und zu integrieren.

Jeder Mensch besitzt ein eigenes Konstrukt aus Werten, welches sich im Laufe des Lebens entwickelt. Persönlichkeit, Erziehung, Erfahrungen, Umfeld, Herkunft und andere Einflüsse prägen unseren Blick auf die Welt. Und doch können wir das Verbindende aufdecken: worauf wir uns im Team oder innerhalb der Organisation einigen wollen.

Diese Shared Values müssen übrigens nicht unbedingt mit den Werten übereinstimmen, die uns in der Familie oder anderen Lebensbereichen wichtig sind. Aber je höher der Übereinstimmungsgrad ist, desto besser fühlen wir uns aufgehoben. Schließlich geben wir die persönlichen Werte nicht am Arbeitsplatz ab – sie sind ein wichtiger Teil von uns und machen uns zu den Menschen, die wir sind.

Die Komplexität – aber auch die Schönheit – besteht darin, in einer Vielzahl von individuellen Wertesystemen den Blick auf das Verbindende zu richten:

Geteilte Werte, die uns im Kontext unserer gemeinsamen Ziele wichtig sind. Die uns in unserem täglichen Handeln Orientierung geben, für deren Einhaltung wir uns einsetzen und die uns zusammenhalten.

11

WER BESTIMMT UNSERE WERTE?

In den letzten Jahren ist das Bewusstsein für die Bedeutung von geteilten Werten in Unternehmen deutlich gestiegen. Immer öfter begegnen uns Company Values auf Firmenwebsites, Karrieremessen oder im Gespräch. Doch wie sind diese Werte eigentlich entstanden? Im engen Führungskreis oder unter Beteiligung des Teams? Top-down oder bottom-up? Im Headquarter der Organisation oder dezentral an allen Standorten?

Die Frage, wer an der Wertearbeit beteiligt ist, sagt bereits viel über die Organisationskultur aus – zum Beispiel, wie hierarchisch oder partizipativ sie ist. Das hat Folgen:

Je nachdem, wer am Prozess beteiligt ist, verändert sich die Art und Weise, wie die Werte später aufgenommen und gelebt werden. Schließlich wünschen wir uns, dass möglichst viele Menschen die Werte teilen und sich mit ihnen identifizieren können.

Partizipation, zum Beispiel durch ein interdisziplinäres und hierarchieübergreifendes Werteteam, kann die Identifikation steigern. Und gleichzeitig gibt es Organisationen, in denen Mitarbeitende von ihrem Führungsteam erwarten, dass sie die Werte vorgeben und dadurch Orientierung geben. Es gilt also, sich Gedanken über die Teamaufstellung zu machen und dabei die Wünsche der Belegschaft zu berücksichtigen.

REMEMBER

In Unternehmen arbeiten Menschen mit unterschiedlichen Hintergründen. Umso wichtiger, dass wir im Laufe der Wertearbeit kultursensibel agieren, uns der eigenen Werte, Normen und Prägungen bewusst und gleichzeitig offen und respektvoll gegenüber kulturellen Unterschieden sind.

12

WAS SIND UNSERE GRÖSSTEN QUALITÄTEN?

Zu unseren Werten haben wir in der Regel eine positive Beziehung. Sie stehen für das, was uns wichtig ist und wonach wir streben. Werte sind Qualitäten, die individuell oder innerhalb einer Gemeinschaft als positiv empfunden werden. Wenn wir also nach unseren Qualitäten fragen, ist dies nur eine andere Art und Weise, unseren Werten auf die Schliche zu kommen.

Kleine Erinnerung: Wir fragen nicht nach den persönlichen Qualitäten (auch wenn individuelle Qualitäten der Mitglieder einer Organisation natürlich Einfluss auf die kollektiven Qualitäten nehmen). Sondern danach, was die Organisation, das Team auszeichnet – nach unseren gemeinschaftlichen Qualitäten.

Interessant ist besonders, was uns spontan in den Sinn kommt:

Welche drei Qualitäten fallen uns als Erstes ein? Was zeichnet uns besonders aus? Welches Adjektiv beschreibt uns am besten?

Dabei ist es zunächst unerheblich, wie Außenstehende das sehen oder ob sie dem zustimmen würden. Jetzt geht es um unsere interne Perspektive.

Tipp: Allen Beteiligten zunächst etwas Zeit geben, um Antworten zu formulieren, bevor diese in der Gruppe miteinander geteilt werden. Vielleicht gibt es Überschneidungen, vielleicht auch nicht. Wir sammeln erst einmal. An späterer Stelle in diesem Kapitel priorisieren wir systematisch.

13

WAS IST UNS IM UMGANG MITEINANDER WICHTIG?

Wir sammeln weiter, um mehr über unsere Werte zu erfahren. Im Fokus dieser Frage: unser Miteinander.

Wie gehen wir im Team miteinander um und was schätzen wir daran? Was zeichnet unsere Beziehungen aus? Welches zwischenmenschliche Verhalten fühlt sich gut und richtig an? Welche Werte leiten uns im Umgang miteinander?

Eine gute Vorgehensweise ist das Teaminterview. Dazu treffen wir uns in Zweiergruppen und interviewen uns gegenseitig. Als Leitfaden können wir die oben genannten Fragen nutzen und uns einen typischen Arbeitstag im Team vorstellen. Anschließend identifizieren wir die damit verbundenen Werte und teilen diese mit der Gruppe.

THOUGHT STARTER

Welche geometrische Figur repräsentiert unser Miteinander am besten? Und warum?

WELCHES VERHALTEN FORDERN WIR EIN, WENN ES FEHLT?

Manchmal erkennen wir erst, was uns wichtig ist, wenn es fehlt. Um mehr über unsere Werte herauszufinden, dürfen wir den Blick auch auf die Leerstellen richten.

Welches Verhalten vermissen wir? Welches fordern wir vielleicht sogar aktiv ein?

Dahinter verbergen sich Wünsche, die wir in Bezug auf unser Arbeitsumfeld haben. Und damit ein Hinweis auf unsere Werte.

Auch hier können wir zunächst einzeln oder in Zweiergruppen Antworten sowie die damit verbundenen Werte sammeln und anschließend im Plenum teilen.

15

WAS IST EINE BESONDERS WERTVOLLE SITUATION FÜR UNS?

Erlebnisse und Momente prägen sich uns oft besonders ein. Sie verraten viel darüber, was uns wichtig ist. Anhand dieser Erfahrungen können wir indirekt nach unseren Werten fragen.

Welches Ereignis ist uns in den letzten sechs Monaten positiv in Erinnerung geblieben? Und warum? Welche Situationen machen uns besonders viel Freude? Welchen Momenten messen wir kollektiv eine hohe Bedeutung bei?

Wir beschreiben konkrete Ereignisse und destillieren daraus Werte. Das heißt: Wir notieren erst unsere Antworten und markieren dann die Begriffe, die auf unsere kollektiven Werte schließen lassen. Die Ergebnisse teilen wir in der Gruppe.

16

WIE WOLLEN WIR GESEHEN WERDEN?

Geteilte Werte sind das, was Unternehmen und Menschen verbindet. In ihren Konsumentscheidungen gehen immer mehr Menschen in einen Werteabgleich mit Marken, um sich dann für das beste Match mit den eigenen Idealen zu entscheiden. Davon profitieren Unternehmen, die ein besonders aussagekräftiges und konsistentes Werteversprechen abgeben.←

Mit dieser Frage weiten wir den Blick und addieren das, was wir von uns zeigen wollen:

Was sollen Besucher zuerst sehen, wenn sie bei uns durch die Tür kommen oder den Videocall betreten? Wie verhalten wir uns gegenüber Kundinnen, Gästen oder Bewerberinnen? Was ist uns im Auftritt nach außen wichtig? Welche Werte sollen sichtbar werden?

→ Mehr dazu im Kapitel MARKE

17

WAS SCHÄTZEN ANDERE AN UNS?

Für eine ganzheitliche Betrachtungsweise wechseln wir die Perspektive und schauen von außen auf uns. Dieser Blickwinkel hilft uns, unsere Werte umfassend aufzudecken.

Was schätzen Nutzerinnen, Partner, Talente, Gäste, der Aktienmarkt oder unsere Nachbarschaft an uns? Wodurch zeichnen wir uns in deren Augen aus?

Wenn wir diese Frage als Team beantworten, kommen wahrscheinlich mehr als drei Qualitäten heraus. Sie alle dürfen erst einmal nebeneinanderstehen, bevor wir in einen spannenden Abgleich gehen:

Sind dies auch Qualitäten, die wir selbst für wichtig erachten?

Hier liegen oftmals ein paar Glaubenssätze verborgen, wie etwa: »Kunden schätzen uns für Tradition und Kontinuität.« Deshalb halten wir diese Werte hoch, obwohl wir uns vielleicht als Organisation weiterentwickelt haben. Es lohnt sich, hier in eine Überprüfung zu gehen. Denn vielleicht würden unsere Kunden unsere neuen Qualitäten genauso oder noch viel mehr schätzen.

BEEINFLUSSEN UNS NEUE GESELLSCHAFT- LICHE WERTE?

Genau wie Individuen gehen auch Teams und Unternehmen durch unterschiedliche (Lebens-)Phasen. Was in der Gründungszeit besonders wichtig war, mag sich verändern, wenn die Organisation wächst und neue Strukturen braucht.

Vielleicht ist es auch die Ausgestaltung eines Wertes, die sich über die Zeit verändert. So kann ein Wert wie »Autonomie« zu Beginn anders gelebt werden als in späteren Jahren, er bleibt aber für die Identität des Unternehmens ebenso wichtig.

Auch äußere Entwicklungen haben Einfluss darauf, inwiefern sich unsere Werte wandeln. Veränderte Umweltbedingungen, gesellschaftliche Trends oder neue wissenschaftliche Erkenntnisse können unsere Prioritäten verschieben. Ebenso wie neue Teammitglieder, die ihre Werte und Ideale mit in die Organisation tragen.

Beschäftigen uns heute andere Themen als früher? Welche sind das? Was hat sich in unserem Umfeld verändert? Welche Erkenntnisse gewinnen wir gerade? Welche neuen Werte nehmen wir mit?

19

WELCHE WERTE VERBINDEN UNS?

An dieser Stelle verfügen wir über eine Wertesammlung, die wir zusammenführen wollen. Es zeigt sich uns das ganze Bild unserer Wertvorstellungen und wir können erste Verbindungslinien ziehen.

Im Lauf der Gespräche sind vielleicht Dopplungen aufgetreten oder verschiedene Teammitglieder nutzen unterschiedliche Begriffe, um das Gleiche auszudrücken. Wir klären die Begriffe und stellen ein geteiltes Verständnis über ihre Bedeutung her:

Was meinen wir genau mit einem Wert? Was hat er für eine Bedeutung für uns, was verbinden wir damit? Und verstehen wir darunter das Gleiche?

Wenn wir uns verständigt haben, können wir die Werte nach Sinnzusammenhang sortieren, sodass Werte-Cluster entstehen. Immer gut: den Clustern noch eigene Headlines oder Oberbegriffe geben.

20

WELCHE WERTE WOLLEN WIR IN ZUKUNFT STÄRKEN?

Genau jetzt können wir uns über unsere Ziele und Werte als Gemeinschaft verbinden!

Wir können die entstandene Vielfalt unserer Wertesammlung schätzen und uns gleichzeitig auf gemeinsame Zukunftswerte verständigen.

Die Auswahl der Werte, die uns in Zukunft leiten sollen, hängt unbedingt auch von der strategischen Ausrichtung unserer Unternehmung ab. Um Zukunftswerte zu bestimmen, brauchen wir einen Referenzrahmen: unsere Ziele.

Wir priorisieren mit Blick auf unsere Cluster:

Welche Werte unterstützen unsere Ziele? Welche Werte sind aus strategischer Sicht besonders wichtig? Welche Werte können zu unseren Erfolgsfaktoren werden?

Aufgabe ist es – vielleicht sogar nach mehreren Runden –, wenige Kernwerte zu identifizieren, die wir in den Mittelpunkt stellen wollen. Unser Tipp: Drei bis sechs Werte bieten ein gutes Set, um abzubilden, was uns im Kern ausmacht – ohne zu umfangreich und kleinteilig zu werden. Bestenfalls werden die Werte durch ausführlichere Texte näher beschrieben.

Sollte es in der Organisation bereits ein fest definiertes Set an Shared Values geben, können wir diesen Schritt nutzen, um die Werte in Bezug zu unseren Zielen neu zu diskutieren. Sind dies (immer noch) die Werte, auf die wir uns alle einschwören können?

Ziele, die nicht durch Werte getragen werden, sind bedeutungslos.

21

LEBEN WIR UNSERE WERTE?

Glückwunsch! Wir haben das Unsichtbare sichtbar gemacht und das Unausgesprochene ausgesprochen. Wir haben gemeinsam herausgefunden, welche Werte uns verbinden und welche wir in Zukunft stärken wollen.

Aber wie sieht es eigentlich schon heute aus: Inwiefern leben wir unsere Zukunftswerte bereits im Alltag? In welchem Maße werden sie bereits spürbar, sichtbar und erlebbar? Nach einem Check des Status quo kann unsere Entwicklungsarbeit ansetzen.

Für eine Einschätzung unserer Werteerfüllung können wir mit Füllständen arbeiten. Dabei werfen wir pro Wert einen genaueren Blick auf das Potenzial zwischen Ist- und Soll-Zustand:

Wie schätzen wir die Erfüllung unserer Zukunftswerte ein (0–10)? Und wie können wir zukünftig auf eine 10 kommen? Welche Handlungs- und Entwicklungsfelder braucht es?

KAPITEL 3

FÜH RUNG

Im Thema Führung spiegeln sich so viele Megatrends, dass einem schwindelig werden kann. Die Aufgaben sind vielfältig. Unsere Welt ist geprägt von Ambivalenzen und Komplexität, für die es mehr braucht als den einsamen Leader an der Spitze. Mehr Kompetenzen, Perspektiven und Ideen. Gleichzeitig erleben wir einen Wertewandel in unserer Gesellschaft, der Autorität und Kontrolle zunehmend infrage stellt. Der nach Gleichberechtigung und Mitbestimmung strebt.

Es ist an der Zeit, Führung neu zu denken.

In diesem Kapitel wollen wir genau dazu anregen. Und uns darüber austauschen, wozu uns Führung dienen soll, nach welchen Kriterien wir sie verteilen möchten und welche Aufgaben sie in Zukunft hat. Wie wir unseren Führungsstil in Einklang bringen – mit den Zielen und Werten unserer Organisation sowie den Anforderungen einer modernen Arbeitswelt.

Das eigene Verständnis von Führung immer wieder zu hinterfragen, gehört genauso zu einer guten Führungskraft wie die Fähigkeit, anderen gute Fragen zu stellen.

»Great leaders ask great questions.«

John Maxwell, Autor

WARUM FÜHRUNG?

In jahrzehntelanger Praxis haben wir eingeübt, warum es Führung braucht. Es kann sich lohnen, dieses Konzept zu hinterfragen, für den Moment zu dekonstruieren, um sich anschließend wieder aktiv dafür zu entscheiden – oder es über Bord zu werfen, weil es der Sache nicht dienlich ist.

Führungsverantwortung zu übernehmen, erscheint für junge Menschen jedenfalls immer noch sehr erstrebenswert: Laut Karrierebarometer 2022 streben 70 Prozent der Befragten in den nächsten Jahren eine Führungsrolle an.* Zu fest verankert ist die Erzählung, dass sich beruflicher Erfolg an einer Führungsrolle messen ließe.

Eine disziplinarische Führungsposition, also formelle Macht durch Personalverantwortung, ist für viele Menschen Ausdruck von Aufstieg und Erfolg. Vielleicht, weil es in den meisten Organisationen immer noch der einzige Weg ist, »Karriere zu machen«. Viel zu selten gibt es alternative Karrierewege, die die fachliche Expertise in den Vordergrund stellen. Schließlich ist nicht jeder herausragende Entwickler oder jede begnadete Chirurgin auch motiviert im Umgang mit Menschen und ihren Bedürfnissen.

Die Anforderungen an moderne Führung sind vielfältig und anspruchsvoll geworden. Führung ist heute mehr als Entscheidungen treffen und Aufgaben delegieren. Oder vielleicht sogar etwas ganz anderes.

Warum also Führung: Um Menschen zu befähigen? Um Orientierung zu geben? Um für die gemeinsame Sache zu begeistern? Um Zusammenarbeit zu organisieren? Um ...

Was ist unser Sinn und Zweck von Führung? Welchen positiven Beitrag soll Führung bei uns leisten?

»In einer Risikoumgebung Vertrauen in einem Team herzustellen – das ist mein Job.«[**]

Thomas Zurbuchen, NASA Wissenschaftsdirektor, trägt Personalverantwortung für 8000 Mitarbeitende

[*] JobTeaser, Karrierebarometer (2022)
[**] Im Gespräch mit Barbara Bleisch, Sternstunde Philosophie, *SRF*

23

AUF WELCHE HIERARCHIEN WOLLEN WIR NICHT VERZICHTEN?

Führung in Form von Hierarchien ist in sehr vielen Organisationen immer noch das Konzept der Wahl, denn es strukturiert die Zusammenarbeit auf bestimmte Weise. Und ist eben auch das, was wir gelernt haben und als »normal« empfinden. Die Manager Daniel Vonier und Lennart Keil schlagen deshalb vor, Hierarchien zu verlernen. In ihrem Buch *Unlearning Hierarchy* plädieren sie für einen gesünderen Umgang mit Hierarchien. Sie müssen nicht gleich abgeschafft werden – aber überdacht werden dürfen sie allemal. Warum? Um Macht, Verantwortung und Handlungsspielräume effektiver zu verteilen: dahin, wo sie am sinnvollsten sind.

Mehr Handlungsspielraum klingt erst mal gut, oder? Nicht mehr jede Kleinigkeit abstimmen – das entlastet alle. Gleichzeitig ist es eine Menge Arbeit, eingeübte Muster und Prozesse aufzubrechen und neue Strukturen zu etablieren. Führungskräfte müssen einen Teil ihrer Verantwortung aktiv abgeben und darauf vertrauen, dass ihr Team gute Entscheidungen trifft. Andersherum müssen Mitarbeitende diese Verantwortung annehmen und den neuen Spielraum effektiv nutzen.

»Selbstorganisation organisiert sich nicht von selbst.«

Daniel Vonier über die Initiative Unlearning Hierarchy

Nicht für jede Branche oder Tätigkeit gilt die Maxime: Je größer der Handlungsspielraum, desto besser für alle. Denken wir nur an Prozesse mit klarem Sicherheitsprotokoll, wie in der Luftfahrtindustrie oder in der Pharmabranche. Gleichzeitig kann auch hier ein größerer Handlungsspielraum nützlich sein – etwa, wenn wir im Wettbewerb um die besten Innovationen stehen. Wer in einem agilen Umfeld jedes Mal die Hierarchieleiter hoch und runter fragen muss, dessen Momentum ist garantiert schon wieder vorbei.

Es lohnt sich also genau hinzusehen: Was hindert uns (noch) daran, Handlungsspielräume neu zu verteilen? Wie viel Hierarchie tut uns gut und dient unserer Zielerreichung? Mit welchen Hierarchien stehen wir uns und unserer Zukunft im Weg?

WELCHEM FÜHRUNGSSTIL APPLAUDIEREN WIR?

Welches Führungsverhalten honorieren wir – und kultivieren es dadurch mehr und mehr? Wen fördern wir? Wen befördern wir? Bewusst oder unbewusst haben wir eine internalisierte Vorstellung von Führung. Davon, was eine Führungskraft machen, leisten, können sollte. Davon, wie sie sich verhalten sollte. Das hat viel mit unseren Erfahrungen mit Führung zu tun – und manchmal wenig mit den Zielen und Werten unserer Organisation.

Welcher Führungsstil stärkt unsere Werte und unterstützt unsere Ziele? Welchen Führungsstil wollen wir ab sofort zelebrieren?

THOUGHT STARTER

»Der hat seine Leute im Griff.«

»Sehr mutige, innovative Person«

»Wow, die ist konsequent.«

»Er gibt viel Raum für Individualität.«

»Der führt uns mit seinen Ambitionen an die Spitze.«

»Großartig, wie sie ihr Team vor anderen verteidigt.«

»Er kommuniziert superklar und transparent.«

»Er fördert seine Leute und lässt sie glänzen.«

»Ihr entgeht nichts, sie hat alles unter Kontrolle.«

»Er schafft es zu begeistern.«

»Sie versteht sich als Coach für ihr Team.«

»In dem Team passieren keine Fehler.«

»Eine sehr angenehme Person, die kein Problem damit hat, Fehler zuzugeben.«

»Bei ihr fühlen sich die Leute sicher und trauen sich was.«

»Superempathischer, inklusiver Typ.«

»Tolle Person, die bringt gute Laune ins Team.«

»Der hört wahnsinnig gut zu, den befördern wir.«

»Beeindruckende Person, die lässt sich nichts sagen.«

25

WIE TREFFEN WIR ENTSCHEIDUNGEN?

Die Frage der Entscheidungsfindung bohrt tief in unserem Führungsverständnis. Ist es nicht das, was Führung im Kern ist: die Befugnis, Entscheidungen zu treffen? In der klassisch hierarchischen Organisation gehen wir davon aus, dass Entscheidungen »oben« und zentral getroffen werden. Die Umsetzung erfolgt dann »unten« und dezentral. So die traditionelle Denkweise. Dies führt nicht immer zum Erfolg, denn unsere Welt verändert sich. Entscheidungsfindungen werden komplexer und unübersichtlicher – gleichzeitig wollen Entscheidungen immer schneller getroffen werden. Und die Person ganz oben in der Firmenzentrale ist nicht (mehr) zwangsläufig die kompetenteste dafür: weit weg vom eigentlichen Problem und schwer zu erreichen.

Von »Wir entscheiden!« hin zu »Wie organisieren wir Entscheidungsprozesse?«

Moderne Führung beinhaltet, die Rahmenbedingungen zu schaffen, damit mehr Menschen im Unternehmen gute Entscheidungen treffen können. Grundlegend dafür ist ein gemeinsames Verständnis, auf welche Art und Weise Entscheidungen getroffen werden sollen.

Worauf wollen wir uns in Zukunft einigen, wie wollen wir Entscheidungen treffen? Wer entscheidet was, wann und warum? Was sind unsere verbindlichen Kriterien?

WORK OUT

Wie wir Entscheidungen treffen wollen

zentral	☐	☐	☐	☐	☐	☐	☐	☐	☐	☐	dezentral
hierarchiebasiert	☐	☐	☐	☐	☐	☐	☐	☐	☐	☐	kompetenzbasiert
schnell	☐	☐	☐	☐	☐	☐	☐	☐	☐	☐	langsam
intuitiv	☐	☐	☐	☐	☐	☐	☐	☐	☐	☐	durchdacht
situativ	☐	☐	☐	☐	☐	☐	☐	☐	☐	☐	strategisch
alleine	☐	☐	☐	☐	☐	☐	☐	☐	☐	☐	gemeinsam
erfahrungsbasiert	☐	☐	☐	☐	☐	☐	☐	☐	☐	☐	datenbasiert
mutig	☐	☐	☐	☐	☐	☐	☐	☐	☐	☐	vorsichtig

26

WAS BEDEUTET UNS FEEDBACK?

Welche Gefühle assoziieren wir mit Feedback? Erleben wir es mit Freude oder voller Angst? Empfinden wir es als Ausdruck der Wertschätzung oder der Kritik? Fordern wir es ein, um daran wachsen zu können – oder gehen wir jedem Feedbackgespräch aus dem Weg?

Was uns Feedback bedeutet, hat auch damit zu tun, welche Erfahrungen wir in unserem bisherigen Leben damit gemacht haben. Wie Gespräche geführt wurden und auf welche Weise uns Feedback entgegengebracht wurde.

To feed back

In den USA hat Feedback beispielsweise eine sehr positive Konnotation und wird zumeist als das verstanden, was es im besten Fall sein kann: eine Technik, um unserem Gegenüber etwas zurückzugeben.

Wenn wir bewusst an unserer Feedbackkultur arbeiten, kann daraus ein Tool werden, um unsere individuellen Fähigkeiten und die Zusammenarbeit im Team stetig zu entwickeln.

Welche Feedbackkultur wünschen wir uns? Welche Praxis und Routinen wollen wir etablieren?

HOW TO

Wie wir Feedback geben und nehmen:

- Wertschätzende Grundhaltung
- Subjektiv formulieren (Ich-Botschaften)
- Beobachtung beschreiben, nicht bewerten oder interpretieren
- Konkrete Situation nennen, nicht verallgemeinern
- Nur veränderbare Verhaltensweisen besprechen
- Feedback nehmen heißt: Aktiv zuhören und die Schilderungen des Gegenübers aufnehmen, nicht rechtfertigen
- Bei Unklarheiten rückfragen und gegenseitiges Verständnis sicherstellen

WELCHE ROLLE SPIELEN FÜHRUNGS-KRÄFTE BEI UNS?

THOUGHT STARTER

Master oder Servant?

Alphatier oder Teamplayer?

Champ oder Cheerleader?

Die Frage wirft eine nächste auf: Warum ist es überhaupt nötig, eine Rolle einzunehmen? An dieser Stelle können wir uns das Unternehmen als Inszenierung vorstellen. Schöne Requisiten haben wir auch, known as Statussymbole. Die klassischen »Insignien der Macht« werden dabei teilweise durch neue ersetzt: Was früher der Nadelstreifenanzug war, ist heute vielleicht der Hoodie. Viele Führungskräfte stecken weiterhin viel Kraft in ihre Performance – und damit jede Menge Energie in die Bemühung, (nur) einen Teil ihrer Person zu zeigen.

Könnten wir diese Energie nicht besser nutzen als für die Erfüllung einer konstruierten »Führungsrolle«? Und eine Kultur schaffen, in der Führungskräfte mehr Seiten von sich zeigen können? Der Vorteil: Sie können authentischer und konsistenter handeln. Und damit Verlässlichkeit im Umgang schaffen. Sie können anders in Beziehung zu Mitarbeitenden treten und dadurch mehr Sicherheit und Orientierung geben. Und nicht zuletzt werden sie zu Vorbildern in ihren Teams. Denn wenn wir wollen, dass sich Menschen mit unterschiedlichen Facetten und Fähigkeiten einbringen – dann müssen Führungskräfte das auch vorleben.

Oder spielen Führungskräfte schon gar keine (inszenierte) Rolle mehr bei uns?

AUS FEHLERN LERNEN – ODER LERNEN, KEINE FEHLER ZU MACHEN?

Ohne Fehler gibt es keine Innovation. Oft müssen wir erst erleben, was nicht funktioniert, um auf neue Lösungen zu kommen. Deshalb ist es für Organisationen wichtig, einen offenen Umgang mit Fehlern zu entwickeln und aus ihnen für die Zukunft zu lernen.

Natürlich gibt es Fehler, die weitreichende Konsequenzen haben können, und wir müssen alles dafür tun, diese zu vermeiden. Passieren können sie trotzdem – und dann ist der Umgang mit ihnen entscheidend.

Ein Gradmesser für die eigene Fehlerkultur ist die psychologische Sicherheit*, die Teammitglieder empfinden. Sie entscheidet darüber, ob wir unangenehme Wahrheiten oder eigenes Versagen ansprechen oder lieber verschweigen. Die Harvard-Professorin Amy Edmondson hat in ihren Studien herausgefunden, dass die psychologische Sicherheit in funktionierenden Teams weitaus höher war – und damit auch die Bereitschaft, von Fehlern zu berichten.

Hier zeigt sich eine zentrale Aufgabe von Führung: Welches Umfeld können wir schaffen, damit unser Team aus Fehlern lernt, anstatt sie zu verschweigen?

REALITY CHECK

Wie häufig fallen Sätze wie diese bei uns?

»Ich brauche Hilfe.«

»Ich habe einen Fehler gemacht.«

»Hier läuft etwas schief.«

RELATED FACTS

Der Wirtschaftspsychologe Michael Frese von der Leuphana Universität Lüneburg hat weltweit die Fehlertoleranz verglichen. Deutschland landete auf dem vorletzten Rang. Schlechter schnitt nur Singapur ab.

* Der Begriff der »Psychologischen Sicherheit« wurde erstmals in den 1950er-Jahren von dem US-amerikanischen Psychologen Carl Rogers erwähnt

29

KANN MAN EIGENTLICH ZU VIEL KOMMUNIZIEREN?

Kommunikationsfähigkeit wird häufig genannt, wenn es um die wichtigsten Skills von Führungspersonen geht. Die meisten sind sich einig, dass eine Führungskraft gut, gerne und häufig kommunizieren sollte. Oder?

Es geistert nämlich noch eine andere Erzählung durch die Flure: die des gefürchteten Micro Managers. In Zeiten hybrider Führung läuft dieser Typus zu neuer Hochform auf – schließlich kann man dem Team im Homeoffice nicht mehr so einfach über die Schulter schauen. Bevor der Kontrollverlust droht, wird das Kommunikationsverhalten lieber hochgeschraubt.

Eine einfache Lösung gibt es nicht. Die Prinzipien zeitgemäßer Führung erfordern immer wieder einen Balanceakt und ein Ausverhandeln der Kommunikationskultur.

Every meeting happens for a reason

Das eigene Kommunikationsverhalten als Führungskraft kritisch zu hinterfragen, bedeutet auch, Wertschätzung für die Bedürfnisse und Ressourcen des Teams zu zeigen. Darüber lohnt es sich auf jeden Fall – ja! – zu kommunizieren.

Welche Meetings und Kanäle helfen uns, welche nerven nur? Welche Vereinbarungen wollen wir als Team treffen, um das richtige Maß an Kommunikation zu finden?

INTENTION

Erst die Führungsaufgabe definieren, dann das Kommunikationsformat entwickeln. Beispiel:

1. Austausch und Unterstützung im Tagesgeschäft → Wöchentlicher Jour fixe
2. Entwicklung fördern → Vierteljährliches Feedbackgespräch
3. Einbindung in strategische Themen → Halbjährliche Strategietage
4. Zusammenhalt im Team stärken → Fun Friday

30

WIE SOLL SICH FÜHRUNG BEI UNS ANFÜHLEN?

THOUGHT STARTER

Sag's mit einem Emoji: Falls wir für diese Frage in einem Videocall zusammenkommen, können wir einfach die Chatfunktion nutzen. Falls wir zusammen im Raum sind, können sich alle Teilnehmenden je ein Emoji auf dem Smartphone aussuchen. Nach einigen Minuten stellen wir uns die ausgewählten Emojis gegenseitig vor und teilen unsere Gedanken dazu.

WIE SIEHT UNSER IDEAL VON FÜHRUNG AUS?

Über die letzten Fragen haben wir unser Führungsverständnis und die damit verbundenen Ansprüche miteinander geteilt. Diese können wir jetzt konkretisieren:

Was bedeutet gute Führung für uns? Welche Führungsaufgaben stellen wir zukünftig in den Mittelpunkt? Welchen Führungsstil wollen wir stärken?

Formulierte Leadership Principles (oder: Führungsleitsätze) können dabei helfen, einen gemeinsamen Führungsstil zu entwickeln, der im Einklang mit der Unternehmenskultur steht und als Kompass im Tagesgeschäft dient.

HOW TO

Wie wir Leadership Principles erarbeiten können: Alle Beteiligten formulieren zunächst eigene Antworten, bevor diese in der Gruppe miteinander geteilt werden. Wichtig: Wir formulieren den kollektiven Führungsanspruch und nicht den persönlichen. Auch wenn der individuelle Führungsstil unbedingt Berücksichtigung finden sollte, um spätere Konsistenz im Führungsverhalten auch durchhalten zu können.

Die entstandenen Sätze stellen wir erst einmal wertfrei nebeneinander und betrachten sie gemeinsam. Währenddessen können wir Begrifflichkeiten klären und Verständnis sicherstellen. Anschließend clustern wir die Sätze thematisch. Hier zeigen sich die Fokusthemen unserer zukünftigen Führungsarbeit. Für eine feinere Priorisierung orientieren wir uns weiter an unseren Zielen und Worten: Welche Führungsaufgaben unterstützen unsere Ziele besonders? Welcher Führungsstil stärkt unsere Werte im Tagesgeschäft?

Aus den konsolidierten Ergebnissen können wir unsere Leadership Principles – unsere Ideale für die Zukunft formulieren.

KAPITEL 4

ZU SAMMEN ARBEIT

Starke Teams aufzubauen gehört in Organisationen zu den wichtigsten Aufgaben. Teams brauchen Vielfalt und Perspektivendifferenz, denn das sind Erfolgsfaktoren in einer pluralistischen Gesellschaft. Die richtigen Menschen zusammenbringen, Fähigkeiten und Talente verbinden, echte Kollaboration ermöglichen und ein positives Miteinander gestalten – this is where the magic happens!

32

WAS IST UNSERE SUPERKRAFT ALS TEAM?

Unsere Superkraft zu identifizieren heißt, sich den besonderen Stärken und Bedingungen im Team bewusst zu werden. Das Mantra: Stärken stärken!

Was zeichnet unsere Zusammenarbeit aus?
Was macht uns als Team erfolgreich?

THOUGHT STARTER

In welcher Sportart wäre unser Team wahrscheinlich sehr erfolgreich und warum?

GOOD TO KNOW

In einer groß angelegten Studie* hat Google untersucht, was seine besonders effektiven Teams auszeichnet. Die erste wichtige Erkenntnis: Die positiven Teamergebnisse hatten weniger mit der Leistung einzelner Personen zu tun – sondern vielmehr damit, welche Bedingungen der Zusammenarbeit im Team bestanden. Demnach waren die wichtigsten Rahmenbedingungen für erfolgreiche Zusammenarbeit:

Psychologische Sicherheit
Teammitglieder fühlen sich sicher, können mutig sein und kalkulierte Risiken eingehen sowie sich verletzlich zeigen. Im Fall von Fehlern fürchten sie keine Sanktionen und können Fehler eher als Lernerfahrung nutzen.

Verlässlichkeit
Teammitglieder können sich aufeinander verlassen. Sie wissen, dass alle Verantwortung übernehmen und Vereinbarungen in Qualität und Quantität erfüllt werden.

Struktur und Klarheit
Das Team hat eine klare Struktur. Es besteht ein gemeinsames Verständnis bezüglich der Aufteilung von Rollen und Verantwortlichkeiten sowie von Zielen und Strategien.

Purpose
Die gemeinsamen Aufgaben haben eine persönliche Bedeutung für die Teammitglieder und werden als sinnstiftend wahrgenommen.

Wirksamkeit
Die Teammitglieder haben das Gefühl, ihre Arbeit leistet einen Beitrag zum Erfolg des Teams oder Unternehmens.

* »Identify dynamics of effective teams«, Google re:work

WELCHE TEAM-KOMPETENZEN WOLLEN WIR ENTWICKELN?

Teamkompetenzen ermöglichen es uns, auf eine bestimmte Art und Weise als Team zusammenzuarbeiten. Sie ermöglichen es uns, mehr als die Summe unserer Einzelleistungen zu werden.

Welche Teamkompetenzen braucht es, um die gemeinsamen Ziele zu erreichen und unsere Zukunftswerte zu stärken? Welche Entwicklungsfelder können wir für unser Team identifizieren?

Eine systematische Herangehensweise für lernende Teams bieten Füllstände: Wir identifizieren, welche Teamkompetenzen wir für unser Zukunftsbild brauchen, und besprechen dann, inwiefern diese bereits ausgeprägt sind (zum Beispiel über einen Füllstand von 0 bis 10). Anschließend machen wir uns an einen konkreten Entwicklungsplan, wie wir Skills als Team erwerben oder ausbauen. Beispiele für Teamkompetenzen:

Interdisziplinäre Zusammenarbeit
Die Fähigkeit eines Teams, fachübergreifend zu denken und zu handeln.

Resilienz
Die Fähigkeit, mit Veränderungen und stressigen Situationen als Team gut umzugehen und gemeinsam Lösungen zu finden.

Wissenstransfer
Die Fähigkeit, voneinander zu lernen, Wissen und Erfahrungen auszutauschen und im Sinne der gemeinsamen Ziele zu bündeln.

Kreativität
Die Fähigkeit, gemeinsam neue Ideen und originelle Lösungen für komplexe Probleme zu entwickeln.

34

WIE SIEHT UNSERE TEAMAUF-STELLUNG AUS?

Ein Faktor für gute Zusammenarbeit ist das gemeinsame Verständnis von Rollen und Aufgaben. Oder einfacher ausgedrückt: Wer macht hier was (und warum)? Wie sieht unsere Teamaufstellung aus? Wissen alle, was sie zu tun haben – oder müssen die Aufgaben im Team immer wieder neu verhandelt und verteilt werden?

»Nimm du ihn, ich hab' ihn sicher!«

Bei der Frage der Teamaufstellung geht es nicht per se um Hierarchie. Es geht um Struktur. Und es geht darum, sicherzustellen, dass wir ein gemeinsames Verständnis von den Aufgaben und ihrer Verteilung haben. Das kann mit oder ohne klassische Hierarchien oder Jobtitel funktionieren.

THOUGHT STARTER

Wie würden wir unsere Teamaufstellung zeichnen? Mit welcher Form können wir unsere Struktur darstellen?

35

WIE SCHAFFEN WIR VER-BINDUNG?

Die morgendliche Runde durchs Büro, gemeinsame Konzertbesuche oder reich gedeckte Schreibtische am Geburtstag: Rituale, Heldinnen und Symbole wirken wie sozialer Kitt im Teamalltag. In der Kulturtheorie von Geert Hofstede bilden sie die äußeren Schichten seines Zwiebelmodells, als sichtbarer, spürbarer Ausdruck der im Kern liegenden Werte einer Organisation.

Werte sind in Teams bewusst oder unbewusst gewachsen und für Außenstehende nur indirekt sichtbar. Rituale, Helden und Symbole beschreibt Hofstede als Praktiken, die auch für Außenstehende direkt wahrnehmbar sind. Diese äußeren Schalen der Zwiebel sind – im Vergleich zu den darunterliegenden Werten – leichter gestaltbar. Und sie wirken wie Klebstoff im Team, sie verbinden uns!

Wer oder was sind unsere Rituale, Heldinnen, Symbole? Wodurch wollen wir im Team Verbindung schaffen?

36

WAS ZEICHNET UNSERE MEETINGS AUS?

Schon 2017 veröffentlichten drei US-amerikanische Wissenschaftlerinnen einen Artikel in der *Harvard Business Review*,* in dem sie für eine effizientere Meetingkultur warben. Eine Pandemie später stöhnen auch hierzulande immer mehr unter der wachsenden Last der Meetings. Während wir Teile unseres Arbeitsalltags ins Homeoffice verlegt haben, wurde mangels anderer Interaktionsmöglichkeiten die Zahl der Besprechungen fleißig erhöht. Und wir haben uns daran gewöhnt: Für jede noch so kleine Abstimmung wird mittlerweile ein Call in den Kalender gestellt.

Höchste Zeit, unsere Meetings und ihren Nutzen genauer unter die Lupe zu nehmen – damit sie uns im Team voranbringen, anstatt Arbeitszeit zu vernichten. Es lohnt sich, zu beobachten, unter welchen Vorzeichen unsere Meetings besonders »gut laufen«.

Eine Methode: der ROTI (Return on Time Invested). Nach einem Meeting bewerten alle Teilnehmenden anhand des ROTI von 0 bis 5, wie wertvoll das Meeting für sie war. Dadurch wird klarer, was unsere Meetings zu richtig guten Meetings macht.

HOW TO

Wie wir Meetings organisieren und durchführen

1. Das Meeting hat Ziel und Zweck, welche allen Teilnehmenden bekannt sind.
2. Es gibt eine Agenda mit klaren Inhalten und Zeitangaben.
3. Es gibt vereinbarte Meetingregeln.
4. Es gibt klare Rollen und Verantwortlichkeiten.
5. Es werden Aufgaben verteilt und Follow-up-Termine festgelegt.

* »Stop the meeting madness«, Leslie A. Perlow, Constance Noonan Hadley, and Eunice Eun, *Harvard Business Review* (2017)

37

BEZIEHUNGS-STATUS: WANN WIRD ES KOMPLIZIERT?

Wann fliegen die Fetzen? Was bringt uns innerhalb des Teams auf die Palme? In welchen Momenten entsteht Beziehungsstress im Team? Und noch viel wichtiger: Wie gehen wir damit um?

Ungeklärte Konflikte können Stress hervorrufen und Vertrauen schwächen. Denn der Konflikt ist ja da – und von selbst geht er in der Regel auch nicht weg. Was wiederum Auswirkungen auf unser Wohlbefinden hat und alles andere als ressourcenschonend ist.

Es kann aber auch schnell kompliziert werden: Es bestehen Beziehungen innerhalb eines Teams. Und Teams sind eingebunden in ein größeres System mit weiteren Beziehungsgeflechten. Überall treffen Erwartungen, Wünsche und Vorstellungen aufeinander.

Reflexions- und Kommunikationsfähigkeiten können helfen – aber eben auch nicht immer, manchmal ist der Konflikt einfach da.

Wie ist unsere Streitkultur, wie gehen wir im Team mit Konflikten um? Was machen wir schon richtig gut? Wo tappen wir immer wieder in die gleichen Muster? Was wollen wir im Umgang mit Konflikten lernen und stärken?

WEN WÜNSCHEN WIR UNS IM TEAM?

Wenn wir unser Team erweitern, leiten uns oft ganz bestimmte Vorstellungen. Dabei stehen für uns vielleicht Qualifikation und Erfahrung im Mittelpunkt, also eher der fachliche Fit. Oder wir orientieren uns an Persönlichkeit und Werten – Personalverantwortliche sprechen dann gerne vom Cultural Fit. Um uns für oder gegen neue Teammitglieder zu entscheiden, gibt es keine Schablone. Aber wir können uns bewusst machen, wie wir diese Entscheidungen treffen.

Vielleicht fällt uns auf, dass wir sehr großen Wert auf fachlichen Fit legen – und dadurch immer wieder zwischenmenschliche Konflikte im Team entstehen. Oder wir rekrutieren nach dem Motto »more of the same« und es mangelt uns dadurch an Diversität und Perspektivenreichtum.

Was soll uns künftig bei der Auswahl neuer Teammitglieder leiten? Mit wem wollen wir zusammenarbeiten? Wen brauchen wir, um zukunftsfähig zu bleiben? Wen möchten wir Neues kennenlernen?

BY THE WAY

Die Generation Z betritt den Arbeitsmarkt. Ein paar Einblicke: Zur Gen Z zählt, wer zwischen 1996 und 2009 geboren wurde. Das sind in Deutschland rund 11,5 Millionen Menschen, ein Drittel von ihnen sind bereits berufstätig. Die anderen werden in den kommenden Jahren in den Arbeitsmarkt eintreten.* Wer nach 1996 geboren wurde, weiß um die eigene Verhandlungsmacht am Arbeitsmarkt. Gleichzeitig ist die Generation Z mit fundamentalen Krisen und Unsicherheiten aufgewachsen – weshalb sie entgegen aller Vorurteile Gehalt und Sicherheit im Job als sehr wichtig ansehen. Knapp hinter einem positiven Arbeitsklima, wozu für sie auch ein bewusster Umgang mit den eigenen Ressourcen gehört. Fest steht: Diese Generation passt in keine Schublade. Ihre Wertvorstellungen und Ansprüche sind vielfältig. Genau wie ihre Kenntnisse und Fähigkeiten für den Arbeitsmarkt.

* Statista (2022)

39

WIE INKLUSIV SIND WIR?

Wir wissen heute, dass Diversity einer der Erfolgsfaktoren für Unternehmen sein kann.* Entscheidend für den Erfolg ist die Art und Weise, mit Vielfalt umzugehen – was wir tun, um Chancengerechtigkeit im Team herzustellen, sodass alle ihre Potenziale entfalten können. Kurzum: wie es uns gelingt, eine inklusive Kultur zu fördern.

»Diversity is being invited to the party, inclusion is being asked to dance.«

Verna Myers, VP Inclusion Strategy bei Netflix

Ganz praktisch erläutert der Journalist Frank Joung den Unterschied zwischen Diversity und Inclusion wie folgt:

Diversity bedeutet erst einmal nur, dass es verschiedene Perspektiven gibt. Inclusion geht einen Schritt weiter, indem diese Perspektiven wirklich erwünscht sind und nicht nur dabei sein dürfen. Inklusive Unternehmen zeichnen sich dadurch aus, dass sie ihre Mitarbeitenden als Individuen kennenlernen möchten und unterschiedliche Positionen aktiv einbeziehen.

Wie können wir diverse Perspektiven im Team noch stärker inkludieren? Wie können wir unterschiedlichen Bedürfnissen respektvoll begegnen? Was wollen wir tun, um eine inklusive Kultur zu fördern?

TUNE IN

Der Podcast *Halbe Katoffl* von Frank Joung ist eine Gesprächsreihe mit Deutschen, die nichtdeutsche Wurzeln haben.

* McKinsey: Zusammenhang zwischen Diversität und Geschäftserfolg so deutlich wie nie (Pressemeldung vom 19. Mai 2020)

MENSCH x MASCHINE: WOLLEN WIR EIN TEAM WERDEN?

Zweifelsfrei bietet uns der technologische Fortschritt unzählige neue Möglichkeiten, KI in unsere Arbeitskontexte zu integrieren. Das befreit uns Menschen aber nicht von der Diskussion darüber, wie wir die Aufgaben in unserem Team zukünftig verteilen wollen. Wie wir die jeweiligen Stärken von Mensch und Maschine bestmöglich zum Einsatz bringen.

WAS CHATGPT DAZU SAGT

»In Zukunft könnten Mensch und Maschine auf viele Arten kollaborieren, um gemeinsam bessere Ergebnisse zu erzielen.

Ein Beispiel wäre die Zusammenarbeit von Menschen und Robotern in der Fertigung. Roboter könnten einfache und repetitive Aufgaben übernehmen, während Menschen sich auf komplexe und kreative Aufgaben konzentrieren. Durch die Kombination von menschlicher Intelligenz und künstlicher Intelligenz könnten Produktionsprozesse effizienter und fehlerfreier gestaltet werden.

Auch im Bereich der Medizin könnte die Zusammenarbeit von Mensch und Maschine große Fortschritte bringen. Maschinen könnten beispielsweise medizinische Bilder analysieren und diagnostische Hinweise liefern, während Ärzte ihre menschliche Expertise und ihr Wissen über den Patienten einbringen, um die bestmögliche Behandlung zu wählen.

Insgesamt gibt es viele Möglichkeiten, wie Mensch und Maschine in Zukunft kollaborieren können. Es liegt an uns, diese Potenziale zu erkennen und zu nutzen, um bessere Ergebnisse zu erzielen und unsere Lebensqualität zu verbessern.«

Gibt es Tätigkeiten, die wir zukünftig automatisieren wollen? Wo können wir Synergien zwischen Mensch und Maschine nutzen? Und welche Aufgaben möchten wir einem »KI-llegen« (auch im Sinne unserer Ziele und Werte) nicht übertragen?

41

GUTE ZUSAMMEN- ARBEIT BEDEUTET FÜR UNS …

Welche drei Sätze beschreiben unsere Vorstellungen von guter Zusammenarbeit am besten?

Alle Teilnehmenden formulieren erst einmal für sich. Anschließend teilen wir die Sätze miteinander und sortieren sie inhaltlich. Es ergibt sich ein Bild über unsere Ansprüche und die Bedingungen, die wir uns im Team wünschen. Für eine feinere Priorisierung können wir uns erneut überprüfen: Welche Ansprüche unterstützen unsere Ziele und Werte am besten?

KAPITEL 5

RAUM

Die Werte einer Organisation werden immer auch in ihren Räumen erlebbar. Unterstützen unsere Räume die Art und Weise, wie wir kollaborieren wollen? Schaffen unsere Räume es, uns wie ein Magnet anzuziehen und einen Mehrwert gegenüber dem Homeoffice zu bieten?

In diesem Kapitel geht es um unser Zuhause als Organisation. Home is where …

42

WOZU BRAUCHEN WIR (NOCH) EIN BÜRO?

85%

der Büroangestellten in Deutschland geben laut einer Studie an, dass sie ihre Arbeit auch von zu Hause aus erledigen könnten.*

Das Büro befindet sich mehr denn je im Wettbewerb mit dem Homeoffice, aber auch mit zentral gelegenen und immer besser ausgestatteten Co-Working Spaces. Brauchen wir also kein Büro mehr? Oder brauchen wir es mehr denn je? Als Treffpunkt, Ruhepol, Lernwelt, Sehnsuchtsort, Experimentierraum, Debattierklub – als erlebbaren Ausdruck unserer Kultur. Ein Ort für alles, was uns wichtig ist.

Zukunftsfähige Arbeitsorte müssen ihre Rolle neu erfinden und definieren. Denn für viele Tätigkeiten müssen wir den Weg ins Büro nicht mehr auf uns nehmen. Dennoch gibt es viele gute Gründe für einen gemeinsamen Arbeitsort. Aber wir müssen sie benennen können.

Welches sind unsere Gründe – und passen sie zu unseren Zielen und Werten? Oder brauchen wir vielleicht gar kein Büro (mehr)?

* Orte in Zahlen, *brandeins* 04/22

43

WAS VERRATEN UNSERE RÄUME ÜBER UNS?

In der Hamburger Kreativagentur Springer & Jacoby war es schon Ende der Nullerjahre streng verboten, den eigenen Schreibtisch mit persönlichen Dingen zu dekorieren. Keine Fotos, keine Pflanzen, kein Krimskrams. Die Clean Desk Policy war der Geschäftsführung so wichtig, dass Schreibtische im Fall des Falles sogar eigenhändig abgeräumt wurden.

Dieses Beispiel illustriert gut, dass Räume immer auch sichtbarer Ausdruck der gelebten Organisationskultur sind. Bei Springer & Jacoby standen Fokus und Leistungsbereitschaft hoch im Kurs und das wurde eben auch in den Büros erlebbar.

Was verraten unsere Räume über uns?

Wie können wir unsere Räume so gestalten, dass unsere Zukunftswerte erlebbar werden?

44

WAS MACHT UNSEREN ARBEITSORT ZUM AN-ZIEHUNGS-PUNKT?

Wenn wir überall arbeiten können – was spricht dann eigentlich noch für's Büro? Oder anders gefragt: Was zieht uns künftig noch dorthin?

Der Trendscout Raphael Gielgen hat dafür einen Begriff geprägt: Der Arbeitsplatz der Zukunft muss zum »Center of Gravity« werden. Ein Ort mit Anziehungskraft, der einen echten Mehrwert gegenüber dem Homeoffice oder dem Co-Working Space um die Ecke bietet.

Diese Orte (und Momente) zu kreieren, wird zur zentralen Aufgabe, wenn es um die Gestaltung unserer Arbeitsräume geht. Dabei betont Raphael Gielgen explizit, dass es mit dem Kickertisch in der Kaffeeküche nicht getan ist. Vielmehr geht es darum, inhaltliche Anreize zu schaffen – wie zum Beispiel gemeinsame Lernerlebnisse, Workshops oder Teamevents. Eben all das, was wir nicht so einfach in die digitale Sphäre verlagern können und wofür es sich lohnt, ins Büro zu kommen.

»Das Büro ist tot. Lang lebe das Büro!«

Raphael Gielgen, »Future of Work«-Trendscout bei Vitra

Wodurch entfaltet unser Büro seine Anziehungskraft? Welche besonderen Momente oder räumlichen Angebote wollen wir zukünftig kreieren – insbesondere in Hinblick auf unsere Ziele und Werte?

45

WELCHE ORTE INSPIRIEREN UNS?

Raus aus den eigenen vier Wänden: Es gibt diese Orte, an denen wir sofort anfangen wollen zu arbeiten. Diese Räume, in die wir morgen mit unserem Team einziehen möchten.

Welche sind das? Wie sehen sie aus?

WOFÜR WOLLEN WIR RAUM SCHAFFEN?

Die bewusste Gestaltung der Arbeitsumgebung ist eine strategische Entscheidung für die Zukunft jedes Unternehmens. Denn Räume haben großen Einfluss auf uns und unsere Arbeit. Menschen, die mit ihrem Büro zufrieden sind, fühlen sich mit ihrem Arbeitgeber stärker verbunden, sind motivierter und bringen mehr Leistung.*

Im besten Fall inspirieren Räume uns und machen produktives Arbeiten möglich. Da unsere Aufgaben nicht alle gleich aussehen, können wir idealerweise sogar verschiedene räumliche Angebote nutzen – sodass sie uns situativ in den gewünschten Arbeitsmodus bringen. Rückzugsorte (oder das Homeoffice) für konzentriertes Arbeiten, Meetingräume für Austausch oder Werkstätten für's Experimentieren. Dieses Prinzip ist auch bekannt als Activity Based Working.

Für welche Aktivitäten und Arbeitsmodi wollen wir Räume schaffen?

HOW TO

Wie wir mehr über unsere räumlichen Bedürfnisse erfahren:

Mithilfe eines einfachen Tortendiagramms können wir herausfinden, wie viel Zeit wir in welchem Arbeitsmodus verbringen – oder im Sinne unserer Ziele verbringen wollen! Dafür teilen wir einen prototypischen Arbeitstag in verschiedene Tortenstücke ein: Wie viel Zeit verbringen wir idealerweise in Besprechungen, im Konzentrationsmodus, bei Routinetätigkeiten, im sozialen Miteinander, in Kreativ-Sessions oder Ähnlichem? Und welche Räume brauchen wir dafür?

* Fraunhofer Institut IAO (2017)

47

REMOTE, HYBRID ODER IN PRÄSENZ?

Eines vorneweg: Nicht alle Branchen und Berufe haben die gleichen Spielräume für ortsunabhängiges Arbeiten. Und nicht jedes Unternehmen macht von seinen Spielräumen Gebrauch. In vielen Organisationen bleibt es ein kontroverses Thema: Arbeiten wir remote, hybrid oder in Präsenz?

Sich die eigenen Möglichkeiten bewusst zu machen und sie in Abgleich mit den Bedürfnissen der Organisation zu bringen, ist erst Mal jede Debatte wert. Nicht zuletzt, weil die flexible Wahl des Arbeitsortes ein wichtiges Kriterium für potenzielle neue Teammitglieder ist. In einer Studie geben über 80 Prozent der befragten Personen an, selbstständig(er) zwischen Büro und Homeoffice wählen zu wollen.*

Dabei ist es keineswegs so, dass alle die gleichen Vorstellungen haben – Lebensmodelle und Wertvorstellungen unterscheiden sich und sind individueller denn je. Gleiches gilt in Bezug auf das bevorzugte Arbeitsmodell. Remote oder hybrid ist nicht für alle die erste Wahl, viele wünschen sich eine tägliche Büroroutine mit all ihren Vorzügen. In der gleichen Studie bedauern zwei von drei Befragten die fehlende soziale Interaktion mit ihrem Team während der Remote-Arbeit.

Als Arbeitgeber ist es deshalb vor allem wichtig, sich zu positionieren, um für (potenzielle) Teammitglieder eine bewusste Entscheidung möglich zu machen.

Was können (neue) Teammitglieder bei uns erwarten? Welches Arbeitsmodell passt zu uns, unseren Zielen und Werten: remote, hybrid oder in Präsenz?

* *Decoding Global Ways of Working: Wie flexibel arbeitet die Welt?* Stepstone (2021)

WO BEGEGNEN WIR UNS?

Mitten in der Coronapandemie, als Hunderttausende seiner Mitarbeitenden zu Hause festsaßen, verwendete der Microsoft-CEO Satya Nadella in einer Ansprache an die Belegschaft einen ungewöhnlichen Begriff: Soziales Kapital. Laut Nadella sei es das soziale Kapital gewesen, das Microsoft durch die Krise getragen hat.* Die Summe aller menschlichen Beziehungen innerhalb der Organisation, der Grad des sozialen Zusammenhalts. Oder anders: die persönlichen Verbindungen, die auch ohne Organigramm bestehen. Genau diese Verbindungen waren es laut Nadella, die eine gute Zusammenarbeit auch weiterhin ermöglichten.

Heute gehört es zur Standardanforderung an moderne Büroarchitektur, Flächen für persönliche Begegnung zu schaffen, um den Aufbau von Beziehungen zu unterstützen. Sei es durch Treffpunkte wie einladende Kantinen, offene Treppenhäuser oder aufwendig geplante Social Spaces.

Und gleichzeitig: Muss jede noch so flüchtige Begegnung im ökonomischen Sinne verwertbar sein? Oder dürfen wir auch Räume und Anlässe schaffen, damit echte Beziehungen wachsen können – einfach, weil es Leben und Arbeiten schöner macht?

THOUGHT STARTER

Welche Wege haben wir gestern im Office zurückgelegt? Wem sind wir wo begegnet?

* New-Work-Kolumne, *GQ*, Max Neufeind (2021)

IST NÄHE IM DIGITALEN RAUM EIN WIDERSPRUCH?

Irgendwo zwischen »täglich im Büro« und »Welcome to the Metaverse!« können wir uns als Arbeitsgesellschaft derzeit verorten. Während manche Organisationen nach den Pandemiejahren ihr Wiedersehen im Büro feiern, haben sich andere in den Weiten der virtuellen Zusammenarbeit eingerichtet.

Wie stellen wir Nähe her, wenn wir uns nicht jeden Tag real treffen?

Laut einer Studie sagen 43 Prozent der befragten Führungskräfte, dass der Aufbau von Beziehungen die größte Herausforderung bei der Remote- und Hybrid-Arbeit sei.*

Ist Nähe im digitalen Raum per se ein Widerspruch oder ist dieser Widerspruch vielleicht vor allem erlernte Gewohnheit?

Wie auch immer die Antwort lautet, wir sollten als Team oder Organisation ganz aktiv dafür Sorge tragen, dass wir uns auch virtuell nahe sein können. Dass wir uns bewusst Zeit für persönlichen Austausch nehmen. Und gleichwertigen Zugang zu Informationen, Ressourcen und Projekten immer wieder sicherstellen.

GOOD TO KNOW

Der sogenannte Proximity Bias beschreibt, wie wir unbewusst meist diejenigen im Team bevorzugen, denen wir räumlich näher sind. Eine Folge davon: Unverhältnismäßig oft finden sich in höheren Positionen diejenigen, die sich in der Nähe von Führungskräften aufhalten.

* Microsoft Work Trend Index Annual Report (2022)

50

WIE SIEHT UNSER ARBEITS-ORT DER ZUKUNFT AUS?

Hier darf alles Platz finden, was für unsere zukünftige Arbeitsumgebung wichtig ist.

KAPITEL 6

ZEIT

Zeit ist ein Phänomen, das der Menschheit seit Jahrtausenden Rätsel aufgibt. Alles begann mit dem Urknall. Seitdem lässt sie sich nicht aufhalten, kennt nur eine Richtung, vergeht (gefühlt) mal schneller, mal langsamer und kann ohne Raum nicht existieren.

In der Wirtschaftsgeschichte war vieles eine Frage der Zeit, wie die Einführung der 5-Tage-Woche oder des 8-Stunden-Tags. Seither erleben wir einen immer flexibleren Umgang mit »unserer« Zeit, die Grenzen zwischen Arbeits- und Freizeit verschwimmen. Konventionen und starre Modelle werden hinterfragt. Unser Umgang mit der Zeit ist immer auch Gegenwartsphänomen und spürbarer Ausdruck unserer Kultur.

Gesellschaftlicher Wandel und technischer Fortschritt bieten uns ganz neue Möglichkeiten der Gestaltung von Arbeitszeit: the time is now.

51

WIE DEFI-NIEREN WIR ARBEITSZEIT?

Die Antwort kann unterschiedlich ausfallen:

Die acht Stunden, die in unserem Arbeitsvertrag stehen.

Die Zeit, die wir im Büro verbringen.

Der Moment, in dem wir eine bahnbrechende Idee unter der Dusche haben.

Der Abend an der Bar, an dem wir mit dem Team eine richtig enge Beziehung aufbauen.

Die Stunden, die wir in das Zeiterfassungssystem eingeben.

Die Podcast- oder Lesestunden, in denen wir neue Inspirationen bekommen.

Die Zeit, in der wir uns gesellschaftlich engagieren und unsere Perspektive erweitern.

Die drei Stunden am Tag, in denen wir ein exzellentes Ergebnis für ein Projekt erarbeiten.

Der Urlaub, in dem wir zufällig neue Kontakte aus der Branche knüpfen.

Was ist Arbeitszeit, was nicht?

In vielen Jobs reicht Zeit als *die* Messgröße für Einsatz oder Gehalt nicht mehr unbedingt aus. Die Übergänge zwischen Arbeits- und Lebenszeit sind oft fließend. Und Ergebnisse pro Zeiteinheit können sehr unterschiedlich ausfallen. Trotzdem wünschen wir uns im Team vielleicht eine verbindliche Definition von Arbeitszeit. Eine, auf die sich alle verständigen und an der sich alle orientieren können. Eine, die genau zu uns passt.

Welche Definition von Arbeitszeit wird unseren Aufgaben und Ansprüchen gerecht?

WAS WÄRE, WENN …

… Zeit als Messgröße im Arbeitskontext gar keine Rolle mehr spielen würde?

GLAUBEN WIR AN DIE 40-STUNDEN-WOCHE?

Vor rund 100 Jahren prognostizierte der Ökonom John Maynard Keynes für das Jahr 2030 eine Wochenarbeitszeit von 15 Stunden. Möglich werden sollte dies durch eine enorme Produktivitätssteigerung aufgrund technologischen Fortschritts. Zumindest diesen Teil der Gleichung hat Keynes richtig vorausgesehen. Die 40-Stunden-Woche hält sich dagegen weiterhin hartnäckig als Norm, an der sich Arbeitszeitmodelle auszurichten und zu messen haben.

Dabei wollen viele Menschen weniger als 40 Stunden pro Woche arbeiten, rund die Hälfte aller Beschäftigten in Deutschland würde dafür sogar auf einen Teil ihres Gehalts verzichten.* Belgien, Island, Schweden und Großbritannien sind schon einen Schritt weiter – diese Länder haben sich von der 40-Stunden-Woche verabschiedet oder erproben gerade neue Modelle. Vorreiter Island konnte während einer mehrjährigen Testphase (4-Tage-Woche mit 35 Stunden, bei gleichem Gehalt) gesteigerte Produktivität, höhere Zufriedenheit im Job und ein niedrigeres Risiko für Burn-out feststellen. Die 4-Tage-Woche ist seither dort Standard.

Auch in Deutschland bewährt es sich für immer mehr Organisationen, alternative Arbeitszeitmodelle zu testen. Denn viele Arbeitsaufgaben, Rollen und Lebensmodelle lassen sich heute nicht mehr in genau 40 Stunden gießen. Glauben wir noch an die 40-Stunden-Woche?

SCHON GEWUSST …?

Forschende an der Florida State University konnten zeigen, dass Menschen nur etwa vier bis fünf Stunden am Stück konzentriert und produktiv arbeiten können.

* ifo Institut: Viele Deutsche möchten weniger arbeiten (2021)

53

WIE VIEL WOLLEN WIR ARBEITEN?

Menschen müssen und wollen viele Dinge unter einen Hut bekommen: Geld verdienen, Kinder erziehen, Eltern pflegen, Beziehungen führen, sich weiterbilden, Sport machen, reisen, sich sozial engagieren. Laut Ökonomen und Arbeitsmarktexpertinnen befinden wir uns auf der Reise von einer Erwerbsgesellschaft hin zu einer Tätigkeitsgesellschaft, in der Menschen ihre Erwerbsarbeit mit politischem Engagement, eigenen Projekten, Care-Arbeit, einem Ehrenamt oder anderen Tätigkeiten kombinieren.

»Wir brauchen eine Erwerbsarbeit, die wirklich für die Arbeit außerhalb der bezahlten Erwerbsarbeit Zeit lässt.«*

Jutta Allmendinger, Präsidentin des Wissenschaftszentrums Berlin für Sozialforschung

Vielen von uns fällt dieser Gedanke gar nicht so leicht – haben wir uns doch als Team gemeinsame Ziele gesteckt, die wir erreichen wollen. Das braucht Einsatz, auch zeitlichen. Oder?

Wie viel wollen und müssen wir im Sinne unserer gemeinsamen Ziele und Werte arbeiten? Und wie können wir das mit den unterschiedlichen Bedürfnissen und Lebensphasen unserer Teammitglieder in Einklang bringen?

* Gespräch mit Karin Fischer, *Deutschlandfunk* (2019)

WIE SELBST-BESTIMMT KÖNNEN WIR UN-SERE ZEIT EINTEILEN?

Eine selbstbestimmte Arbeitszeitgestaltung trägt in hohem Maße zu unserer Motivation bei. Forschende der Uni Basel haben unter anderem herausgefunden, dass Beschäftigte mit weitgehender Kontrolle über ihre Arbeitsstunden nicht weniger, sondern mehr Arbeitseinsatz zeigen.*

Nicht in jedem Job ist eine flexible oder selbstbestimmte Arbeitszeitgestaltung möglich. Es gibt dennoch Wege, um das Bedürfnis nach Arbeitszeitsouveränität zu berücksichtigen. Arbeitszeit lässt sich selbstbestimmt gestalten, und sei es nur in kleinem Rahmen. Mit smarten Planungstools können sogar feste Systeme wie die Schichtarbeit gelockert werden, zum Beispiel durch eigenständigen Zugriff auf digitale Schichtpläne.

Welche Möglichkeiten haben wir, um unsere Arbeitszeitsouveränität zu erhöhen?

KLEINES GLOSSAR DER ARBEITSZEITGESTALTUNG

Gleitzeit: Lage und Dauer der täglichen Arbeitszeit können innerhalb eines festgelegten Rahmens frei gewählt werden.

Kernzeit: Gemeinsam vereinbarte Anwesenheitszeit, meist in Kombination mit Gleitzeit.

Jobsharing: Aufteilung der Regelarbeitszeit auf zwei oder mehr Personen, die sich ihre Rolle teilen.

Vertrauensarbeitszeit: Eigenverantwortliche Einteilung der Arbeit, je nach Workload.

Zeitwertkonto: Das Modell erlaubt ein Ansparen von Arbeitszeit zur späteren Reduktion, zum Beispiel für ein Sabbatical oder Altersteilzeit.

* *Wer selbst entscheidet, leistet mehr*, Uni Basel (2017)

55

AN EINEM PERFEKTEN TAG HABEN WIR GENUG ZEIT FÜR ...

WAS STIEHLT UNS UNSERE ZEIT?

Gerade einmal 4000 Wochen umfasst die Zeitspanne, die wir auf der Erde haben. Und das auch nur, wenn wir um die 80 Jahre alt werden. Zeit ist ein begrenztes Gut und gerade deshalb so wertvoll.

Wie wertschätzend gehen wir mit dieser Zeit um – und mit der Zeit unserer Teammitglieder? Was stiehlt uns unsere Zeit? Und in welchen Momenten werden wir zum Zeitdieb?

THOUGHT STARTER

Was sind unsere drei größten Zeiträuber im Job?

RELATED FACTS

Die durchschnittliche wöchentliche Meeting-Zeit von Wissensarbeitenden beträgt 1,5 Tage. Gleichzeitig geben die Befragten an, dass über ein Drittel der Meetings (35 Prozent) unnötig seien.*

* *Next Work Innovation*, Studie (2022)

57

WANN SIND WIR IM FLOW?

Alle vier Minuten werden Menschen im Schnitt bei ihrer Arbeit unterbrochen.* Das sind 15 Unterbrechungen pro Arbeitsstunde. Sei es durch das Smartphone, aufpoppende E-Mails oder Messenger-Dienste. Durch Teammitglieder, die nur kurz etwas »zwischenfragen« wollen.

Das Problem: Nach jeder Unterbrechung benötigt unser Gehirn enorm viel Zeit und Energie, um sich wieder auf die ursprüngliche Aufgabe zu fokussieren. Dadurch versinken wir nicht völlig in der Tätigkeit, erreichen nicht den Zustand tiefer Konzentration. Einen Zustand, den die Wissenschaft als Flow bezeichnet – wir vergessen sprichwörtlich die Zeit und gehen voll im Moment auf. Ein mentales High, das häufig zu hervorragenden Ergebnissen führt und uns ein Gefühl der Zufriedenheit gibt. Als Team oder Organisation sollten wir großes Interesse an der Herstellung dieses Flow-Zustandes haben.

Was hilft: Ungestörtheit, zum Beispiel durch vereinbarte Fokuszeiten. Die alltäglichen Ruhestörer wie E-Mails, Messenger oder der immer nächste Videocall vertreiben den Flow nämlich zuverlässig. Genauso wie unsere Versuche, alles gleichzeitig zu erledigen. Multitasking heißt meistens: mehr Stress, weniger Flow.

Welche Bedingungen können wir schaffen, damit wir uns voll und ganz in unsere Arbeit vertiefen können?

* *Next Work Innovation*, Studie (2022)

58

WANN NEHMEN WIR UNS ZEIT ZUM LERNEN?

Stefan Sagmeister gehört seit Jahrzehnten zu den bekanntesten Grafikdesignern der Welt. Er gestaltete unzählige Plattencover und die Corporate Identity für namhafte Museen und Konzertsäle. Für seine Kreativität hat er eine überraschende Erklärung:

Alle sieben Jahre schließt sein New Yorker Büro für ein Sabbatical von zwölf Monaten. In dieser Zeit haben alle Mitarbeitenden, einschließlich Sagmeister selbst, die Möglichkeit zu lernen, zu reisen oder an eigenen Projekten zu arbeiten. Danach kommen alle aufgetankt und voller Inspiration zurück zur Arbeit.

Das bewusste Einräumen von »Lernzeit« gibt es auch eine Nummer kleiner: Bei der Berliner KI-Beratung Birds on Mars werden 40 Minuten pro Tag in Forschung und Experimente investiert. Warum genau 40 Minuten? Um so viel länger ist ein Tag auf dem Mars als auf der Erde – klar, oder? Durch ihre »Marstage« verbringt das Team also wöchentlich drei Stunden damit, zu lernen.

Wie können wir das Lernen gut in unseren Alltag integrieren?

59

UND WANN MACHEN WIR PAUSE?

In unserer (Leistungs-)Gesellschaft kultivieren wir gerne das Pausenlose. Wird es doch immer noch als Indikator für Erfolg betrachtet. Kurzum: Pause machen hat in der Arbeitswelt keinen guten Ruf. Dabei vergessen wir die Regenerationsphasen, die nachhaltigen Erfolg erst möglich machen. Im Leistungssport ganz selbstverständlich: Energiespeicher werden wieder gefüllt, verbrauchte Stoffwechselprodukte abtransportiert. Anschließend kann der Körper wieder aus der vollen Kraft schöpfen und sogar mehr Leistung anstreben. Komplett unterschätzt: Unserem Gehirn geht's genauso! Es braucht Pausen, um langfristig auf hohem Niveau zu arbeiten.

Ein guter Coach sorgt für die Leistungsfähigkeit seines Teams. Und auch Führungskräfte sollten das tun. Das heißt: aufmerksam sein, wenn Pausen, Urlaube und Feierabende nicht zur Regeneration genutzt werden. Und das nicht nur aus Leistungsgründen, sondern auch aus Fürsorgepflicht.

Was haben wir für eine Pausenkultur? Was davon wollen wir weiter stärken?

WIE SIEHT UNSER ARBEITSZEIT-MODELL DER ZUKUNFT AUS?

Über die letzten Fragen haben wir unser Verständnis von Arbeitszeit und die damit verbundenen Bedürfnisse geteilt. Nun können wir festhalten, was für unser zukünftiges Arbeitszeitmodell wichtig ist. Mit Blick auf unsere Ziele und Werte:

Wie viel und wie flexibel möchten wir zukünftig arbeiten? Und wofür wollen wir unsere Zeit nutzen?

KAPITEL 7

GELD

Geld ist ein wichtiges Instrument bei der Gestaltung unserer Organisation, sein Fluss hat Auswirkungen auf das Erreichen – oder Nichterreichen – unserer Ziele. Wollen wir wissen, welche Art von Organisation wir sind, müssen wir ihm manchmal einfach nur folgen.

Also, lasst uns über Geld sprechen.

61

ÜBER GELD SPRECHEN, FINDEN WIR …

Noch immer leben viele Menschen nach der Maxime: »Über Geld spricht man nicht.« Geht es uns genauso? Inwiefern dient uns das? Und welche wichtigen Themen bleiben dadurch unausgesprochen?

Wie in vielen Ländern der Welt gibt es auch in Deutschland eine erhebliche Lohndifferenz zwischen männlichen und weiblichen Arbeitnehmenden – bei gleicher Qualifikation und Leistung. Dieser sogenannte Gender Pay Gap beläuft sich in Deutschland auf 18 Prozent (Stand 2022).*

Die Bundesregierung reagiert darauf mit Initiativen und Rechtsvorgaben wie dem »Entgeldtransparenzgesetz«. Besonders wirkungsvoll scheint nach Ansicht der Forschung ein anderer Ansatz zu sein: eine offene Gesprächskultur in Unternehmen. In Organisationen, in denen die Gehälter bekannt sind, ist der Gender Pay Gap nämlich um 45 Prozent niedriger als in Organisationen ohne Entgeldtransparenz.**

Wie offen wollen wir mit dem Thema Gehälter umgehen? Wünschen wir uns Entgeldtransparenz – oder spricht für uns etwas dagegen?

NICE TO KNOW

Am 7. März ist Equal Pay Day.

* Statista
** *The influence of pay transparency on gender inequity, inequality and the performance basis of pay*, Nature Human Behaviour 6 (2022)

62

GELD ODER LIEBE?

Wir möchten für unsere Leistung einen Ausgleich erfahren – wertgeschätzt werden. Aufmerksamkeit, verbale Anerkennung oder Bezahlung können unser Bedürfnis nach Ausgleich befriedigen. Das ist allerdings höchst individuell und hängt von unserer kulturellen Prägung, aber auch vom Kontext ab: Was wir in der Familie als zufriedenstellenden Ausgleich für unseren Einsatz empfinden, kann sich im Arbeitskontext unangemessen anfühlen.*

Das subjektive Empfinden bezüglich des Verhältnisses von Leistung und Ausgleich hat direkte Auswirkungen auf unser Stressgefühl. Fühlen wir uns nicht ausreichend kompensiert für unsere Leistung, kann dies zu Erschöpfung und Stress führen. Wichtig: Es geht nicht um objektiven Ausgleich, sondern immer um die subjektive Einschätzung von Ausgeglichenheit.**

Ob in einer Partnerschaft oder in einem Unternehmen – unser Streben nach Ausgleich folgt laut dem Paartherapeuten Gary Chapman einer bestimmten Logik. Er definiert für Arbeitsumfelder fünf verschiedene »Wertschätzungssprachen«, auf die wir unterschiedlich stark reagieren: Acts of Service, Quality Time, Words of Affirmation, Tangible Gifts, Appropriate Physical Touch.***

Nach welchem Ausgleich streben wir?

Wovon brauchen wir in Zukunft mehr:
Geld oder Liebe?

NICE TO KNOW

Die fünf Wertschätzungssprachen basieren ursprünglich auf Chapmans Arbeit als Paartherapeut und seinem Bestseller *5 Languages of Love*.

* Vgl. Modell *Die Sieben Strebungen*, Coaching Center Berlin
** Vgl. das ERI-Modell von Siegrist, ein Modell zur Entstehung von Stress im Arbeitskontext
*** Im Original *The 5 Languages of Appreciation in the Workplace* von Gary Chapman und Paul White (2007)

63

WOFÜR WERDEN WIR BEZAHLT?

In vielen Branchen mag diese Frage klar zu beantworten sein: Wir werden für unser Produkt bezahlt! Für unsere Arbeitszeit! Für unsere Dienstleistung! Doch in zahlreichen Bereichen sieht es bei genauerer Betrachtung anders aus. Überall dort, wo neue Arbeitsweisen mit einem hohen Maß an Kollaboration, Kooperation und Co-Creation zum Einsatz kommen.

In immer mehr Organisationen lassen sich Wertschöpfungsprozesse nicht mehr einzelnen Teammitgliedern zuordnen. Sie sind das Ergebnis kreativer und interdisziplinärer Zusammenarbeit. Wer vermag bei der Entwicklung einer komplexen Technologie noch zu sagen, wer welchen Beitrag geleistet hat?

Neben der individuellen Leistung gibt es noch weitere Parameter, um die Bezahlung festzulegen. Einer davon: Ausbildung und Berufserfahrung. Aber auch hier hat sich eine Menge getan, denn lineare Lebensläufe sind selbst in traditionellen Konzernen nicht mehr immer die erste Wahl.

Wir können also neu über Bezahlung nachdenken und zeitgemäße Kriterien einführen, anhand derer wir unser Gehaltsmodell gestalten wollen.

64

WAS VERDIENEN WIR?

65

IST AUF-MERKSAMKEIT EINE WÄHRUNG BEI UNS?

Sprache verrät eine Menge über unsere Wertvorstellungen und kulturellen Prägungen. Während wir im Deutschen »Aufmerksamkeit schenken«, wird sie im Englischen zum Zahlungsmittel: to pay attention.

Die Annahme, dass Aufmerksamkeit eine ökonomische Größe ist, hat sich in vielen Bereichen durchgesetzt. Spannend wird die Frage, wenn wir sie im Kleinen auf unsere Organisation oder unser Team herunterbrechen: Wer bekommt bei uns die meiste Aufmerksamkeit – und was können wir uns dafür kaufen?

Oft sind es Menschen mit hohen Anteilen von Extraversion, die die Verteilungskämpfe für sich entscheiden. Die sichtbar werden und mit ihrer Arbeit glänzen können, deren Ideen und Anliegen wahrgenommen werden. Ihnen fallen die Spielregeln unserer Arbeitsgesellschaft und ihrer Aufmerksamkeitsökonomie vermeintlich leichter.

Anders geht es Teammitgliedern mit stärker ausgeprägter Introversion: Oft beobachten sie eher das Geschehen, anstatt die Aufmerksamkeit auf sich zu lenken. Ihre Leistungen stellen sie weniger offensiv zur Schau.

Unsere Arbeitsgesellschaft bietet leider wenig Raum für Introversion. Oft zum Nachteil für alle – wir übersehen die vielen guten Ideen, die nicht nach außen getragen werden. Und können sie entsprechend auch nicht angemessen honorieren.

Mal angenommen, Aufmerksamkeit wäre eine handfeste Währung in unserer Organisation – wie schaffen wir es dann, diese gerecht(er) zu verteilen?

BREAK OUT

Wen würde ich in unserer Organisation gerne näher kennenlernen?

WOFÜR GEBEN WIR (GERNE) GELD AUS?

Die Energie folgt der Aufmerksamkeit, heißt es. Gilt das auch für's Geld? Oder anders gefragt: In wen oder was investieren wir? Wo fließt unser Geld rein? Und fließt es dahin, wo wir die Energie haben wollen?

HOW TO

Wie wir uns einen vereinfachten Überblick verschaffen, wohin wie viel Geld fließt. Dafür vergeben wir pro Kategorie 0 bis 10 Punkte:

Team & Miteinander

Arbeitsplatz & Interieur

Tools & Technik

Forschung & Entwicklung

Lernen & Persönliche Weiterbildung

Kunden & Außenwirkung

Gesundheit & Ernährung

Gehälter & Extras

Mobilität & Reisen

Umwelt & Soziale Verantwortung

Andere

Wenn wir einen Überblick haben, wofür wir unser Geld ausgeben, können wir fragen:

Passt der Einsatz unserer finanziellen Ressourcen zu unseren Zielen und Werten? Fließt das Geld dorthin, wo es Wirkung erzielen kann? Und wofür würden wir gerne mehr Geld ausgeben?

67

WENN GELD KEINE ROLLE SPIELEN WÜRDE ...

WEM SCHULDEN WIR WAS?

In seinem Buch *Was das Silicon Valley denken nennt* weist Adrian Daub auf einen interessanten Aspekt zahlreicher Geschäftsmodelle der Digitalökonomie hin: Ohne die kostenlose Mitarbeit der Community gäbe es schlichtweg gar kein Geschäftsmodell. Was wären zum Beispiel Yelp oder TripAdvisor ohne die millionenfachen Rezensionen ihrer User?

Eingebettet ist diese Überlegung in einen größeren Diskurs: Woher kommen unsere Inhalte? Womit verdienen wir Geld? Und wer verdient daran nicht mit, sollte es aber vielleicht?

Fragen wie diese erschüttern das Selbstverständnis ganzer Branchen. Ein Beispiel: 2021 beschuldigte die mexikanische Regierung die Modekette Zara der kulturellen Aneignung wegen der Verwendung traditioneller indigener Stickmuster.

Ob die kostenlose Verwendung von User Generated Content oder Fälle von kultureller Aneignung* – wir alle können kritisch auf unsere Revenue Streams blicken und uns fragen: Wem schulden wir was? Wer sind unsere unsichtbaren Dienstleisterinnen und Dienstleister?

* Die Aneignung der Elemente einer Kultur durch eine dominierende Kultur ohne nennenswerte Reziprozität, Erlaubnis und/oder Kompensation nennt man auch »Kulturelle Ausnutzung« (nach Richard A. Rogers).

69

WAS TUN WIR NICHT FÜR GELD?

Geld ist verlockend. Und deshalb ein ziemlich guter Indikator dafür, wo wir für uns die Grenzen ziehen, was für uns nicht verhandelbar ist. Geld kann uns (wider Erwarten) helfen, unseren Werten nahe zu kommen.

Was würden wir nicht einmal für das ganz große Geld machen? Was ist einfach unbezahlbar?

BREAK OUT

Gibt es eine Geschichte, in der wir unseren Werten treu geblieben sind?

70

UNSERE FINANZIELLE ZUKUNFT: WAS MACHT SIE AUS?

Mithilfe der letzten Fragen haben wir uns über die kulturelle Dimension Geld ausgetauscht. Unsere gemeinsamen Erkenntnisse ermöglichen uns nun konkrete Ableitungen:

Was ist uns im Umgang mit Geld wichtig? Wofür wollen wir es zukünftig einsetzen?

KAPITEL 8

MARKE

Bei Menschen faszinieren uns oft diejenigen mit Brüchen in der Biografie. Sie haben etwas zu erzählen, das anders und einzigartig ist. In der Markenführung versucht man das leider häufig zu vermeiden. Alle reden von Authentizität und trotzdem sieht am Ende alles gleich aus.

Dabei ist unsere Marke ein kraftvolles Gestaltungsmittel, um unsere Geschichte und unser Selbstverständnis nach außen zu tragen. Um zu zeigen, wer wir sind.

»If no one hates it, no one really loves it.«

Jessica Walsh, Designerin

71

KURZ GESAGT: WER SIND WIR IN EINEM SATZ?

»If you can't write your message in a sentence, you can't say it in an hour.«

Steve Jobs, Apple-Mitgründer

Klingt trivial, doch die wenigsten Organisationen können es kurz und knapp beantworten. Dabei ist die Antwort nicht nur aufschlussreich (für einen selbst und andere!), sondern auch eine gute Übung für wirksame Markenkommunikation. Wie würden wir das eigene Unternehmen in einem Satz beschreiben? Oder im Marketingsprech: Was ist unsere Catchphrase?

Wie der Name sagt, soll der Satz möglichst catchy sein – also ordentlich hängen bleiben beim Gegenüber. Da helfen Kürze und Prägnanz, so lässt sich der Satz gut wiederholen. Ein gutes Beispiel ist die Catchphrase von Ecosia, mit der Mitarbeitende des Unternehmens sich bei Veranstaltungen vorstellen: »Wir sind die Suchmaschine, die Bäume pflanzt.«

Die Catchphrase unterscheidet sich von einem klassischen Claim: Sie muss nicht emotionalisieren und auch nicht besonders ausgefeilt getextet sein. Stattdessen sollte sie klar und prägnant beantworten: Wer sind wir in einem Satz?

72

WOFÜR STEHEN WIR?

Laut einer Studie* erwarten 75 Prozent der deutschen Konsumentinnen und Konsumenten, dass sich Marken aktiv an Lösungen für soziale und ökologische Probleme beteiligen. Besonders die Jüngeren unter ihnen blicken kritisch auf Marken und knüpfen ihre Kaufentscheidungen an diese Erwartung.

Gute Nachrichten für wertebasierte Markenführung: Viele Menschen trauen Marken transformatives Potenzial zu. 55 Prozent der Befragten sind sogar der Meinung, dass Unternehmen heute eine wichtigere Rolle im Aufbau einer besseren Zukunft spielen als die Politik. Und sie glauben daran, dass sie durch ihre Markenwahl ganz konkret Einfluss ausüben können. So verwundert es nicht, dass sich 77 Prozent bevorzugt für Marken entscheiden, die ihre eigenen Werte repräsentieren.

Wir wollen unsere Werte also sichtbar machen. Schließlich ist unsere Marke der erste Touchpoint, noch bevor Menschen sich für uns als Anbieter, Hersteller oder Arbeitgeber entscheiden (oder eben auch nicht). Dabei zählt der berühmte erste Eindruck – aber vor allem achten immer mehr Menschen darauf, welche Haltung eine Marke langfristig vertritt und ob sie sich dabei treu bleibt.

Mit einer sichtbaren Antwort auf die Frage, wofür wir (ein)stehen, machen wir es Menschen leichter, sich für uns zu entscheiden. Wie wollen wir unsere Werte vermitteln?

* Havas MeaningfulBrand® (2019)

WAS IST UNSERE GESCHICHTE?

Wir sind narrative Wesen, oder *Erzählende Affen*, wie Samira El Ouassil und Friedemann Karig uns in ihrem gleichnamigen Buch nennen. Denn durch nichts lassen sich Informationen so schnell und effektiv weitertragen wie durch Geschichten. Ein evolutionärer Vorteil, der mit einigen Tausend Jahren Verspätung unter dem Schlagwort Storytelling Eingang in die Markenarbeit gefunden hat.

Ob Apples Garagenmythos oder Airbnbs berühmte Luftmatratze – gut erzählte Geschichten können eine kollektive Kraft entfalten, indem sie Zugehörigkeit, Sinn und Identität für das Publikum stiften, aber auch für die Erzählenden selbst. In der Kulturwissenschaft spricht man von Mythomotorik, der kollektiv handlungsleitenden Wirkung einer Erzählung.

Für Teams und Organisationen kann es sehr hilfreich sein, sich der eigenen, unverwechselbaren Geschichte als Grundlage des Storytellings bewusst zu werden.

In den Antworten auf diese Fragen liegen möglicherweise Ansätze, um die eigene Geschichte zu entdecken und zu erzählen:

Gibt es einen besonderen Mythos oder eine ungewöhnliche Geschichte am Anfang unserer Unternehmung? Wer von uns hat etwas ganz Besonderes erlebt, das unser Team prägt? Welche Rückschläge mussten wir meistern, um zum Erfolg zu gelangen? Welche einschneidenden Wendepunkte gab es? Durch welches Ereignis haben wir eine ungewöhnliche Lösung für ein Problem gefunden?

RELATED FACTS

Unser Gehirn liebt Geschichten! Geschichten werden von Menschen besser erinnert als reine Fakten, sie helfen dem Gehirn, Rechenkapazität zu sparen. Denn das Gehirn sucht bekannte Muster, um Informationen schneller und einfacher verarbeiten zu können.*

* Werner T. Fuchs: *Warum das Gehirn Geschichten liebt* (2015)

WIE HANDELN WIR IN KRISEN?

Ein US-amerikanischer Football-Star, Polizeigewalt und Donald Trump – drei Zutaten, die den meisten Marketingverantwortlichen Schweißausbrüche bereiten würden. Wenn eine Marke jedoch einen klaren Kompass hat, kann daraus eine erfolgreiche Kampagne werden. Aber von Anfang an:

In der NFL-Saison 2016/17 erregte der Football-Spieler Colin Kaepernick Aufsehen mit seinem Protest gegen Rassismus und Polizeigewalt in den USA. Vor jedem Spiel seines Teams, den San Francisco 49ers, kniete er während der Nationalhymne demonstrativ nieder. Mit diesem kraftvollen Zeichen löste er nicht nur eine Debatte unter amerikanischen Fans aus, er inspirierte auch zahlreiche andere Sportstars, es ihm gleichzutun. Der damalige US-Präsident Donald Trump forderte lautstark Konsequenzen und Colin Kaepernick verlor zum Saisonende seinen Job.

Daraufhin verpflichtete Nike ihn als Gesicht der neuen Kampagne mit dem Slogan: »Believe in something. Even when it means to sacrifice everything.«

Unter republikanischen Fans brach ein Sturm der Entrüstung los, Turnschuhe wurden mit großer Geste verbrannt und der Aktienkurs des Unternehmens brach kurzfristig ein. Aber auch während dieses Shitstorms blieb Nike Kaepernick und den eigenen Werten treu. Mit Erfolg: In den Tagen nach dem skandalumwitterten Kampagnen-Launch stiegen die Onlineverkäufe sprunghaft um 31 Prozent an. Der Aktienkurs kletterte auf ein Allzeithoch. Und bei jungen Menschen war der TV-Spot mit Kaepernick unter allen Superbowl-Commercials der beliebteste.*

* Marketingdive, Analysis: Nike scores 31% sales spike following launch of Kaepernick campaign (2018)

75

UNSER IDEALER INFLUENCER WÄRE ...

WAS MACHT UNS UNVER-WECHSELBAR?

Die Fähigkeit zur Differenzierung gegenüber dem Wettbewerb gehört zu den wichtigsten Assets einer Marke. Die Brand Strategists Nina Rieke und Hans-Christian Schwingen zeigen in ihrem Buch *Wie Werte Marken stark machen*, dass Marken, denen eine spezifische Unverwechselbarkeit attestiert wird, um bis zu 70 Prozent mehr Einfluss auf ihren Umsatz haben – was sie wiederum unabhängiger von Rabatten und Promotions macht. Menschen sind bereit, mehr für eine Marke auszugeben, die sie als unverwechselbar wahrnehmen.

Hierfür sind drei Aspekte besonders wichtig:*

1. **Meaningful**
   Die Marke bedeutet den Menschen etwas, sie fühlen sich mit ihr verbunden.
2. **Different**
   Die Marke fühlt sich anders an als andere Marken.
3. **Salient**
   Die Marke kommt Menschen schnell in den Sinn, wenn es um eine (Kauf-)Entscheidung geht.

Worte und Haltungen sind ein hervorragender Differentiator – besonders, wenn sie in allen Aktivitäten konsistent und authentisch spürbar werden.

Was machen wir anders als andere? Wo (und wie) wird unsere Einzigartigkeit spürbar? Wodurch machen wir einen echten Unterschied für unsere Zielgruppe?

* KANTAR *BrandZ Global Report* (2020)

77

WARUM WOLLEN MENSCHEN BEI UNS ARBEITEN?

Die *New York Times* spricht von der »Great Resignation«, der Manager und Autor Sebastian Dettmers nennt es »Die große Arbeiterlosigkeit«. Beide meinen damit veränderte Spielregeln im Recruiting, die nicht mehr von Personalabteilungen bestimmt werden – sondern von den Bewerbenden.

Berechnungen zufolge wird die Erwerbsbevölkerung in Deutschland bis zum Ende dieses Jahrhunderts um ein Drittel zurückgehen, in anderen europäischen Ländern sogar um mehr als die Hälfte. Willkommen im Arbeitnehmermarkt!

Viele Studien zeigen, dass sich besonders jüngere Arbeitnehmende stark am eigenen Wertekonstrukt orientieren und bei der Jobsuche dahingehend nach einem Match mit dem Arbeitgeber suchen. Talente werden sich in Zukunft vermehrt bei Unternehmen bewerben, mit denen sie sich identifizieren können. Dafür müssen sie deren Company Culture auch kennen. In einer Employer Value Proposition können wir kurz und knapp festhalten, was (zukünftige) Mitarbeitende bei uns erwarten dürfen:

Was macht uns als Arbeitgeber aus? Was ist das Besondere, bei uns zu arbeiten? Was sollten Bewerberinnen und Bewerber unbedingt über uns erfahren?

78

WORAUF LEGT UNSERE ZIELGRUPPE WERT?

Eine erfolgreiche Marke ist sich selbst treu – und bietet Anschlussfähigkeit für Mitarbeitende, Kunden und Partnerinnen. Dieser Anspruch wird auch als Shared Purpose beschrieben: Marke und Menschen teilen Werte und setzen sich für ähnliche Ziele ein.

Dafür müssen wir unsere Zielgruppe, ihre Motive, Wertvorstellungen und Prinzipien verstehen lernen: Was ist ihnen wichtig, was sind ihre Anliegen? Was verbindet uns?

79

WEN WOLLEN WIR (NOCH MEHR) MITDENKEN?

Marken arbeiten nicht nur am eigenen Image, sie beeinflussen auch gesellschaftliche Normen und Standards. Ob bewusst oder unbewusst, ob gewollt oder ungewollt: Bilder und Texte zementieren immer auch gesellschaftliche Vorstellungen und Rollenbilder.

Dabei sind wir geprägt von unserem Blick auf die Welt, insbesondere, wenn es ein privilegierter ist. Umso wichtiger ist es, sich bewusst zu machen: Die eigene Norm ist nicht für alle normal.

Laut einer Studie von 2021 fühlen sich nur acht Prozent der Befragten gut repräsentiert von Menschen, die sie in der Werbung sehen. Damit ist Deutschland europaweit das Schlusslicht. Zum Vergleich: In UK gaben immerhin 20 Prozent an, sich gut repräsentiert zu fühlen.*

Was Diversity betrifft, gibt es in der deutschen Werbelandschaft großen Nachholbedarf. Wie können wir besser darin werden, echte Vielfalt an Lebenswirklichkeiten abzubilden? Und wie können wir mit unseren Kommunikationsangeboten inklusiver werden, sodass noch mehr Menschen am Gespräch teilhaben können?

* YouGov (2021)

WIE KOMMUNI-ZIEREN WIR UNSERE WERTE?

Kultur und Kommunikation können ein richtig gutes Team sein – wenn wir es schaffen, unsere Werte durch das eigene Handeln glaubhaft zu vermitteln. Culture to Brand.

Wie übersetzen wir unsere Werte in unsere Marke? Welche Botschaften sind uns wichtig? Und wen wollen wir damit erreichen?

KAPITEL 9

VERANT WOR TUNG

Organisationen halten wirksame Steuerungselemente in ihren Händen: Sie gestalten Arbeitsbedingungen und Lieferketten, sie investieren, produzieren und vertreiben. Jeder Moment der Wertschöpfungskette kann mehr oder weniger verantwortungsbewusst gestaltet werden. Und wirkt damit auch über die Organisation hinaus.

Vielleicht fühlen wir sowieso eine große Verantwortung. Für wen oder was besonders? Worauf wollen wir uns in unserem Handeln konzentrieren? Ob und in welchen Bereichen wir Verantwortung übernehmen, ist Ausdruck dessen, was uns wichtig ist.

In vielen Unternehmen hat sich dafür der englische Begriff Corporate Social Responsibility durchgesetzt. Response-ability – also die Fähigkeit, Antworten zu geben. Und genau darum soll es in diesem Kapitel gehen: ganz eigene Antworten zu finden, die zu unserem Team, unserer Organisation, unserer Company Culture passen.

81

FÜR WEN ODER WAS SPÜREN WIR VERANTWORTUNG?

Für unsere Familie, unser Team, die Gesellschaft? Für die nachfolgenden Generationen, die Natur, soziale Gerechtigkeit? Unsere Werte, Ziele, Zahlen? Unsere Mitarbeitenden, Kundinnen, Partner, Investorinnen ...?

Wenn wir unseren Verantwortungsbereich (neu) definieren, prägt es unser Handeln und Wirken. Das zeigt das Beispiel der Deutschen Gesellschaft für Ernährung (DGE):

Hatte sie sich bisher vor allem der menschlichen Gesundheit gegenüber verpflichtet, weitet die DGE ihren Verantwortungsbereich nun auf die Gesundheit des Planeten aus. Künftig werden in den Ernährungsempfehlungen auch Kriterien für Umwelt und Klimaeffekte berücksichtigt – und dadurch beispielsweise ein reduzierter Fleischkonsum empfohlen.*

* *DIE ZEIT*, 7. Juni 2023, No. 25

WOFÜR NUTZEN WIR UNSERE 15 MINUTEN RUHM?

15 Minuten zur besten Sendezeit, höchste Einschaltquote und alles ist erlaubt. Wie würden wir diese 15 Minuten nutzen? Welchem Anliegen oder welchen Personen würden wir zu mehr Aufmerksamkeit verhelfen? Welchen Appell haben wir an die Gesellschaft?

NICE TO KNOW

Die Entertainer Joko Winterscheidt und Klaas Heufer-Umlauf erspielen sich regelmäßig ein besonderes Privileg von ihrem Sender ProSieben: 15 Minuten Sendezeit zur freien Gestaltung. Ihre Reichweite nutzen sie häufig für gesellschaftspolitische Anliegen: die Lage im Flüchtlingslager Moria (2020), den Pflegenotstand (2021) oder die feministischen Proteste im Iran (2022).

83

WIE WERDEN WIR KLIMA-NEUTRAL?

Am 12. Dezember 2015 verständigte sich die Weltgemeinschaft in Paris darauf, die globale Erderwärmung auf 1,5 Grad zu begrenzen. Das Ziel ist klar, die Wege sind vielfältig. Jede Branche und jede Organisation muss eigene Antworten finden, inwiefern sie zur CO_2-Einsparung beitragen kann. In Deutschland wurden im Jahr 2022 746 Millionen Tonnen Treibhausgase ausgestoßen. Um Klimaneutralität herzustellen, müssen wir diesen Ausstoß bis 2030 gemeinschaftlich auf jährlich 438 Millionen Tonnen reduzieren.* Viel Luft nach oben!

Wo verbrauchen wir besonders viele Ressourcen? Wo schlummert unser Einsparpotenzial? Gibt es emissionsärmere Alternativen? Oder trägt unser Produkt vielleicht sogar zur Reduktion bei? Was ist unsere Strategie, um klimaneutral zu werden?

* Umweltbundesamt (2023)

WAS TUN WIR FÜR GENDER EQUALITY?

»We should all be feminists.«

Chimamanda Ngozi Adichie, Schriftstellerin

In den Führungspositionen der deutschen Wirtschaft sind Frauen stark unterrepräsentiert. Nur 5,6 Prozent der CEOs sind Frauen, Vorstände sind gerade mal zu 14,2 Prozent weiblich besetzt. Die Vorstände börsennotierter DAX-Unternehmen sind besonders homogen:

Noch im August 2019 gab es mehr männliche Vorstände, die Thomas oder Michael hießen, als weibliche Vorstände insgesamt.*

Bis wir von Gleichstellung und Chancengerechtigkeit sprechen können, gibt es noch eine Menge zu tun. Der Werkzeugkasten wäre vielfältig: von familienfreundlichen Arbeitszeitmodellen über neu gedachte Recruiting-Methoden und Karriereförderung bis zu einer Kultur, deren Rituale und Praktiken allen dienen.

Was sind unsere Maßnahmen für mehr Gleichstellung? Was tun wir konkret dafür, dass unsere Führungspositionen in Zukunft paritätisch besetzt sind?

* AllBright Stiftung (2022)

85

WANN WIRT-SCHAFTEN WIR NACH-HALTIG?

GOOD TO KNOW

Als Verantwortungseigentum wird eine besondere Form des Eigentums an Unternehmen bezeichnet. Hierbei haben die Shareholder zwar Stimm- und Teilhaberechte, werden jedoch nicht am Gewinn beteiligt. So soll sichergestellt werden, dass das Unternehmen vorrangig der Verwirklichung des Unternehmenszwecks dient. Etwa 200 Unternehmen in Verantwortungseigentum gibt es laut eigenen Angaben in Deutschland, darunter Unternehmen wie Bosch und Zeiss.*

Wenn wir ...

... vorausschauend planen und handeln.

... besonders ressourceneffizient arbeiten.

... die Bedürfnisse unserer Mitarbeitenden, Kundinnen, Lieferanten und der Gemeinschaft berücksichtigen.

... für Arbeitsplatzsicherheit und faire Arbeitsbedingungen sorgen.

... langfristig wirtschaftlichen Erfolg sichern können.

... keine Schulden machen.

... Produkte, Dienstleistungen und Prozesse besonders innovativ gestalten.

... international anerkannte Nachhaltigkeitsstandards einhalten.

... Gewinne fair verteilen.

... ökologische und soziale Auswirkungen in unseren Geschäftsprozessen berücksichtigen.

... uns immer wieder neu erfinden.

... unser Geld regional anlegen.

... Verantwortung für die Auswirkungen von Handlungen und Entscheidungen übernehmen.

... Gewinne reinvestieren im Sinne des Unternehmenszwecks.

Was bedeutet nachhaltiges Wirtschaften für uns?

* Purpose Stiftung

86

WEN BEVORZUGEN WIR UNBEWUSST?

Unser Alltag ist geprägt von Tausenden bewussten und unbewussten Entscheidungen (um genau zu sein, sind es etwa 20 000 pro Tag). Damit unser Gehirn möglichst energiesparend arbeiten kann, nimmt es für diese Entscheidungen ein paar Abkürzungen: die Unconscious Bias. Wir alle haben diese unbewussten Vorannahmen verinnerlicht, Stereotypen erlernt, geprägt durch die eigene Sozialisierung. So sortieren wir unser Gegenüber in Sekundenschnelle in Schubladen. Das ist zwar aus Sicht unseres Gehirns sehr effizient, aber gleichzeitig zementieren wir ungewollt Zuschreibungen, Neigungen und Verzerrungen.

Problematisch wird es im Arbeitskontext, wenn wir uns auf gemeinsame Werte geeinigt haben – unsere impliziten Vorannahmen aber unbewusst unser Handeln beeinflussen. Dies zeigt sich etwa beim Recruiting, im Auswahlprozess für Beförderungen oder in Gehaltsverhandlungen. Wem schreiben wir bestimmte Kompetenzen zu – und welche Kompetenzen erachten wir überhaupt für besonders wertvoll? Die meisten dieser Einschätzungen haben mit unseren tief verwurzelten Annahmen zu tun.

Weit verbreitet: der Affinity Bias. Er beschreibt die unbewusste Bevorzugung von Menschen, die uns ähnlich sind (etwa in Bezug auf soziokulturelle und ethnische Herkunft). Klassiker: Die Einstellung oder Beförderung im Unternehmen erfolgt nach dem Prinzip »Gleich und Gleich gesellt sich gern«. Im Rahmen eines Experiments des Bonner Instituts zur Zukunft der Arbeit musste sich eine Bewerberin mit Kopftuch – bei exakt gleicher Qualifizierung – viermal öfter bewerben, um zu einem Vorstellungsgespräch eingeladen zu werden, als ihre Mitbewerberin ohne Kopftuch.

Die gute Nachricht: Wir können unsere Unconscious Bias aufdecken und künftig bewusster handeln. Es gibt mittlerweile immer mehr professionelle Trainings, die dabei helfen.

Wann lassen wir uns von unseren unbewussten Vorannahmen leiten? Wo können wir unsere Unconscious Bias durch objektive und messbare Kriterien überwinden?

87

WAS TUN WIR FÜR UNSERE MENTALE GESUNDHEIT?

In immer mehr Organisationen wird mentale Gesundheit zum Thema und viele machen sich auf, um für das Wohlergehen im Team Verantwortung zu übernehmen.

»Wellbeing is a skill.«

Richard Davidson, Neurowissenschaftler

Wohlbefinden ist eine Fähigkeit, die wir zu einem gewissen Grad* erlernen und trainieren können. Mit diesem Verständnis können wir offener mit den Herausforderungen mentaler Gesundheit umgehen – und wir können Raum schaffen, um eigene Erfahrungen zu teilen. Innerhalb von Organisationen, insbesondere unter Führungskräften, ist dies oft noch ein Tabu. Wollen wir doch in der (performanten) Arbeitswelt keine vermeintlichen Schwächen offenbaren. Dieses Paradigma zu verändern, könnte ein großer Schritt in Richtung einer gesünderen Arbeitskultur sein.

Wie werden wir zu einem Ort, an dem mentale Gesundheit wichtig ist und besprochen werden darf? Und durch welche konkreten Angebote wollen wir Wohlbefinden und mentale Gesundheit in unserer Organisation stärken?

* Unter Berücksichtigung von Prädispositionen für Depressionen oder anderen psychischen Erkrankungen

WELCHES GESETZ WÜRDEN WIR UMGEHEND VERAB-SCHIEDEN?

66%

der Befragten einer Studie erwarten mehr Vorschriften und Regeln, damit alle zum Klimaschutz beitragen. Das hängt unter anderem mit dem verbreiteten Gefühl zusammen, mehr zu tun als das eigene Umfeld oder große gesellschaftliche Akteure.*

Viele Menschen wünschen sich klare Rahmenbedingungen. Gesetze schaffen Normen – jetzt gilt für alle, was vorher der individuellen Verantwortung überlassen war. Und das kann Wirkung entfalten! Davon ist die Wirtschaftswelt nicht ausgenommen: Viele Unternehmen fürchten so lange ein Competitive Disadvantage, wenn sie als Einzige freiwillig vorangehen, bis es für alle gilt.

Was würden wir (gerne) anders machen, wenn es für alle gelten würde? Wodurch würde es uns leichter fallen, unserer Verantwortung wirklich nachzukommen?

Oder andersherum: Was machen wir bislang nicht, weil es noch nicht für alle gilt?

* *Klimaschutz und gesellschaftlicher Zusammenhalt in Deutschland*, More in Common (2022)

WAS KOSTET UNSER ENGA-GEMENT?

Verantwortliches Handeln beziehungsweise soziales oder ökologisches Engagement erscheint zunächst einmal kostspielig – es erfordert den Einsatz von Ressourcen und trägt nicht unbedingt gleich zur wirtschaftlichen Gewinnrechnung bei. Laut der Ökonomin Maja Göpel darf die umgekehrte Perspektive in der Gleichung jedoch nicht fehlen: Was passiert, wenn wir nicht handeln? Welche langfristigen Kosten entstünden dann? Dieser Perspektivwechsel kann ein Anstoß sein, anders über den Preis der Verantwortung nachzudenken.

WIE WERDEN WIR UNSERER VERANT-WORTUNG GERECHT?

Um Verantwortung messbar zu machen, können Teams und Organisationen unterschiedliche Kriterien heranziehen. Sie bieten (mit unterschiedlichen Schwerpunkten) einen hilfreichen Rahmen, um Verantwortungsbereiche für sich selbst zu definieren. Dabei muss jedes Unternehmen herausfinden, welchen Beitrag es leisten kann und möchte.

Hier einige Beispiele:

ESG steht für nachprüfbare Kriterien in den Dimensionen Umwelt (Environment), Soziales (Social) und Unternehmensführung (Governance) und bezeichnet ein umfassendes Regelwerk zur Bewertung der nachhaltigen und ethischen Praxis von Unternehmen. ESG-Kriterien geben einen Hinweis darauf, ob ein Investment bestimmten Standards entspricht.

UN-Nachhaltigkeitsziele beinhalten 17 globale Ziele der Weltgemeinschaft für eine bessere Zukunft. Leitbild der Agenda 2030 ist es, weltweit ein menschenwürdiges Leben zu ermöglichen und gleichzeitig die natürlichen Lebensgrundlagen dauerhaft zu bewahren. Dies umfasst ökonomische, ökologische und soziale Aspekte.

B Corp ist ein internationales Zertifikat, das Unternehmen zu gemeinwohlorientiertem Wirtschaften verpflichtet. Die teilnehmenden Unternehmen zeigen sich verbindlich, die sozialen und ökologischen Bedürfnisse aller Interessengruppen aktiv zu berücksichtigen.

CSR-Leitlinien werden von der jeweiligen Organisation selbst definiert. Unter CSR (Corporate Social Responsibility) versteht man üblicherweise die sozialen und ökologischen Maßnahmen einer Organisation, die über die gesetzlichen Anforderungen hinausgehen.

KAPITEL 10

ERFOLG

»Am I good enough? Yes, I am.«

Michelle Obama, Rechtsanwältin und Autorin

Erfolg ist nicht wertneutral, sondern davon abhängig, wie wir ihn definieren. Auch und insbesondere darin spiegelt sich unsere Company Culture.

Dieses Kapitel rückt den Erfolgsbegriff in den Mittelpunkt. Was bedeutet Erfolg für uns? Woran messen wir ihn? Und was braucht es, um in Zukunft erfolgreich zu sein?

Ein Gespräch über Erfolg trägt dazu bei, dass wir uns auf das Wesentliche konzentrieren können.

WAS BEDEUTET ERFOLG FÜR UNS?

Für uns alle bedeutet Erfolg etwas anderes. Da ist die individuelle Ebene: Wodurch empfinde ich mein Tun als gelungen? Wann führe ich ein erfolgreiches Leben? In Organisationen kommt die kollektive Ebene hinzu: Was wollen wir zusammen erreichen? Wann sind wir als Team erfolgreich?

Wenn wir uns verständigen, was Erfolg für uns bedeutet und wonach wir als Team streben, können wir unseren ganz eigenen Erfolgsbegriff definieren.

Erfolg = Leistung?

Entgegen dieser verbreiteten Meinung ist eine direkte Beziehung zwischen Leistung und Erfolg nicht gegeben. Über Erfolg oder Misserfolg entscheidet oft eine bewertende Instanz, eine (innere) Jury oder die Gesellschaft mit ihren verankerten Normen und Werten.*

* Vgl. *Erfolg = Leistung? Ein Missverständnis mit weitreichenden Folgen für Mitarbeiter, Unternehmen und Gesellschaft*, Fred Becker, Fakultät für Wirtschaftswissenschaften, Universität Bielefeld (2002)

92

WAS ZÄHLT ZU UNSEREN GRÖSSTEN ERFOLGEN?

Erfolg ist kein Wert an sich. Erst unsere Bewertung macht etwas dazu.

Worüber haben wir uns in der jüngsten oder älteren Vergangenheit so richtig gefreut? Wann hatten wir Grund zum Feiern? Was würden wir als Erfolg verbuchen?

93

WAS BEWUNDERN WIR AN ANDEREN?

Wir sind nicht immer die Nummer eins – manchmal sind andere besser. Wen halten wir für besonders erfolgreich? Was machen andere richtig gut? Wer oder was fasziniert uns?

Bewunderung hat immer auch etwas mit unseren (geheimen) Wünschen zu tun. Besonders, wenn sie sich immer wieder meldet. Ein offenes und konstruktives Gespräch darüber kann uns bei unserer eigenen Entwicklung weiterhelfen.

Welche Erfolge würden wir gerne feiern? Welche Kompetenzen wollen wir entwickeln, um diesen Erfolgen näher zu kommen?

WORAN MESSEN WIR ERFOLG?

Passend zu unseren Zielen und Werten können wir Indikatoren entwickeln, anhand derer wir unseren Erfolg messbar machen. Das ist relativ einfach, wenn es um quantifizierbaren Erfolg geht – Umsatzziele, CO_2-Reduktion oder Reichweite.

Wenn es um Qualitäten geht, müssen die KPIs (Key Performance Indicators) kreativer ausgestaltet sein. Wie messen wir beispielsweise die Beziehungsqualität zwischen unseren Mitarbeitenden? Woran erkennen wir, dass wir einen positiven Impact in unserer Nachbarschaft haben? Wie machen wir Innovationsfähigkeit messbar?

Welche Indikatoren können wir für uns definieren, um unseren Erfolg zu messen? Woran merken wir, dass wir erfolgreich sind?

95

WELCHEN LEISTUNGSANSPRUCH HABEN WIR?

»I don't play to win. I play to learn.«

Kobe Bryant, Basketballspieler

In den meisten Teams gibt es kein einheitliches Verständnis darüber, was Leistung bedeutet und welche Rolle sie spielen soll. Denn jede und jeder im Team bringt eine eigene Geschichte und Prägung zum Thema Leistung mit an den Tisch. Ein Austausch über diese Frage ermöglicht es uns, einander besser zu verstehen und ein geteiltes Leistungsverständnis für unser Team zu entwickeln.

Ob wir eher Input oder Output als die »eigentliche« Leistung ansehen, zeigt sich beispielsweise in der Art und Weise unseres Feedbacks: Nehmen wir eher die Entwicklung während des Projektverlaufs in den Blick? Oder bewerten wir vor allem das Endergebnis?

Während wir mit einer input-orientierten Leistungsbewertung zu einer Lernkultur beitragen, in der es Raum für Entwicklung gibt, schafft ein output-orientiertes Leistungsverständnis mehr Freiräume, um selbstbestimmt ans Ziel zu kommen. In unserer Arbeitswelt kann durchaus eine Kombination von Vorteil sein.

Was für eine Leistungskultur wollen wir prägen?

THOUGHT STARTER

Welcher Aussage stimmen wir eher zu?

1. Leistung ist das Ergebnis an sich (Output): »Nur das Ergebnis zählt!«
2. Leistung ist der Prozess an sich (Input): »Der Weg ist das Ziel!«

96

WIE GEHEN WIR MIT MISS-ERFOLGEN UM?

Unser Umgang mit Misserfolg hat enormen Einfluss darauf, wie mutig oder risikofreudig wir handeln und wie offen wir neue Ideen aussprechen. Schließlich wird die (unangenehme) Konsequenz im Fall des Scheiterns schon vorher mitbedacht.

Es ist auch unsere Sprache, die Kultur prägt. Vielleicht gibt es den Begriff »Misserfolg« bei uns erst gar nicht. Weil Herausforderungen und Rückschläge als natürlicher Teil von Entwicklung angesehen werden. Und vielleicht ist es am Ende auch der größte Erfolg, immer wieder aufzustehen und weiterzumachen.

Wie ist unsere Sprache, wie sind unsere Codes rund um das Thema (Miss-)Erfolg? Welche Begriffe fallen immer wieder? Welche gar nicht? Was wollen wir uns vornehmen?

WAS IST WICHTIGER: INDIVIDUELLER ODER KOLLEKTIVER ERFOLG?

In vielen Organisationen und individualistisch geprägten Gesellschaften stehen die vom Einzelnen erbrachten Arbeitsergebnisse im Fokus. Wie ist das bei uns?

Die Antwort auf diese Frage liegt vielleicht nicht sofort auf der Hand. Sie versteckt sich in unseren Strukturen, unseren Ritualen oder in der Praxis, wie wir Incentives verteilen oder Führungsrollen vergeben: Wem schreiben wir Erfolge zu? Wer bekommt den Bonus? Wer wird befördert?

Es kann spannend sein, dieser Frage nachzugehen: Wollen wir den individuellen Erfolg Einzelner feiern oder den Erfolg als Teamleistung verbuchen? Für die Kultur im Unternehmen macht es einen Unterschied, was wir mehr wertschätzen. Es gibt dabei kein Richtig oder Falsch, individueller und kollektiver Erfolg sind nicht zwangsläufig gegensätzliche Konzepte. Sie können sich ergänzen und unterstützen.

NICE TO KNOW

Beim Materialhersteller Gore-Tex gibt es das Prinzip der »Earnings through Contribution« (ETC), also des Verdienstes durch Beitrag. Dabei belohnt das Unternehmen Mitarbeitende beispielsweise durch jährliche Boni, die auf der Leistung des gesamten Teams basieren, und nicht nur auf individuellen Erfolgen.

WAS TUN WIR, DAMIT MENSCHEN IHRE POTENZIALE ENTFALTEN KÖNNEN?

»There are no limits to the human spirit.«

Stephen Hawking, Physiker

Inwiefern wir einander fördern, hat viel mit unserem Menschenbild an sich zu tun: Glauben wir, dass Talente festgelegt sind? Oder dass Fähigkeiten durch Lernen und Ausdauer entwickelt werden können?

Genau darin besteht der Unterschied zwischen einem Fixed Mindset und einem Growth Mindset. Die US-amerikanische Psychologin und Stanford-Professorin Carol Dweck erforscht seit Jahrzehnten, wie ein Growth Mindset Menschen und Organisationen dienen kann. Ihre Studien belegen, dass Fähigkeiten in einem hohen Maße erlernbar und entwickelbar sind. Und dass diese Denkweise positiv beeinflusst, wie wir mit Herausforderungen umgehen – und ob wir angetrieben sind, an ihnen zu wachsen. Das Growth Mindset hat also direkten Einfluss auf unser Entwicklungspotenzial.

Dwecks Studien zeigen auch, dass wir eine Kultur des Lernens entwickeln und als Organisation ein Growth Mindset prägen können.

Wie kommen wir von einer Wissenskultur zu einer Lernkultur? Welches Umfeld können wir schaffen, damit Menschen bei uns über sich hinauswachsen?

WAS WIRD UNS IN ZUKUNFT ERFOLGREICH MACHEN?

Anna Volquardsen studierte International Management and Economics in Hamburg und Michigan, USA. Schwerpunkt war Intercultural Communications, was sie unter anderem als Lehrassistenz nach Shanghai (China) führte. Nach mehreren Jahren als Personalleiterin eines IT-Unternehmens gründete sie 2015 DEARWORK. Seitdem begleitet sie Organisationen bei der Entwicklung ihrer Führungs- und Unternehmenskultur – seit 2021 auch als integraler Business Coach. Anna Volquardsen lebt mit ihrer Familie in Berlin.

Lena Mardon studierte Kommunikationsdesign in München. Als Kreative arbeitete Lena Mardon für Agenturen wie Jung v. Matt, DDB und TLGG. Neben mehreren internationalen Advertising Awards wurde sie 2017 mit dem New Work Award von XING ausgezeichnet – für die Gründung ihres Start-ups Descape. Bei DEARWORK moderiert, formuliert und kreiert sie am liebsten Formate und Workshops, um Kultur erlebbar zu machen. Lena Mardon lebt mit ihrer Familie in Paris.

Klimaneutral
Druckprodukt
ClimatePartner.com/12752-1803-1001

Zum Ausgleich für die entstandene CO_2-Emission bei der Produktion dieses Buches unterstützen wir die Bereitstellung von energieeffizienten Kochöfen an 45 000 Haushalte pro Jahr in Sambia. Die verbesserten Kochöfen verbrauchen erheblich weniger Brennmaterial und verringern so die Luftverschmutzung und die Umweltzerstörung, während gleichzeitig Treibhausgasemissionen eingespart werden.

Bibliografische Information der Deutschen Nationalbibliothek: Die Deutsche Nationalbibliothek verzeichnet diese Publikation in der Deutschen Nationalbibliografie; detaillierte bibliografische Daten sind im Internet über http://dnb.de abrufbar.

Druck und Bindung: Print Best, Viljandi
Gedruckt in Estland

ISBN 978-3-86774-774-5

Besuchen Sie uns im Internet: www.murmann-publishers.de
Ihre Meinung zu diesem Buch interessiert uns!
Zuschriften bitte an info@murmann-publishers.de
Den Newsletter des Murmann Verlages können Sie anfordern unter
newsletter@murmann-publishers.de